4年生 達成表 計算マスターへの道!

ドリルが終わったら，番号のところに日付と点数を書いて，グラフをかこう。
80点を超えたら合格だ！まとめのページは全問正解で合格だよ！

	日付	点数	50点 / 合格ライン80点 / 100点	合格チェック
例	4/2	90		○
1				
2				
3				
4				
5				
6				
7				
8				
9				
10				
11				
12				
13				
14				
15				
16			全問正解で合格！	
17				
18				
19				
20			全問正解で合格！	
21				
22				
23				
24			全問正解で合格！	
25				
26				
27				
28				
29				
30				
31				
32				
33				
34			全問正解で合格！	
35				
36				
37				
38				
39				
40				
41				
42			全問正解で合格！	
43				
44				
45				
46				

	日付	点数	50点 / 合格ライン80点 / 100点	合格チェック
47				
48				
49				
50			全問正解で合格！	
51				
52				
53				
54				
55				
56				
57				
58				
59				
60				
61				
62				
63				
64				
65				
66				
67				
68				
69				
70				
71				
72				
73				
74				
75				
76				
77				
78				
79				
80				
81				
82				
83				
84				
85				
86				
87				
88				
89				
90				
91				
92				
93			全問正解で合格！	

この表がうまったら，合格の数をかぞえて右に書こう。

80 ～ 93個	りっぱな計算マスターだ！
50 ～ 79個	もう少し！計算マスター見習いレベルだ！
0 ～ 49個	がんばろう！計算マスターへの道は1日にしてならずだ！

合格の数

JN050860

このドリルの特長と使い方

このドリルは，「苦手をつくらない」ことを目的としたドリルです。単元ごとに「計算のしくみを理解するページ」と「くりかえし練習するページ」をもうけて，段階的に計算のしかたを学ぶことができます。

① りかい

計算のしくみを理解するためのページです。計算のしかたのヒントが載っていますので，これにそって計算のしかたを学習しましょう。

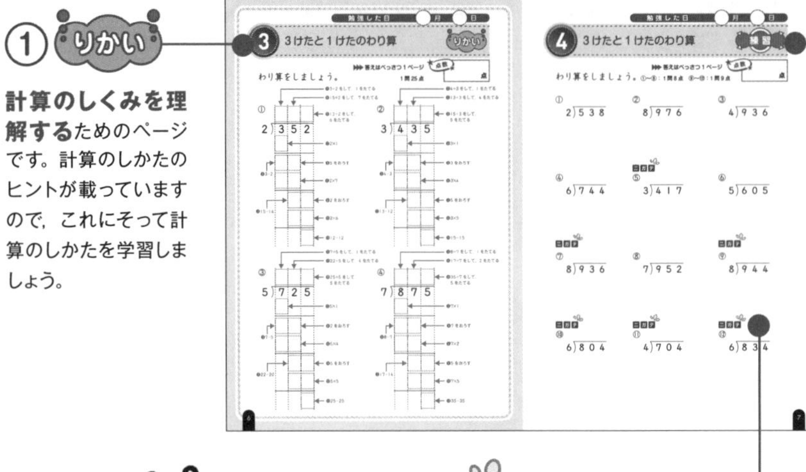
3 3けたと1けたのわり算 りかい

わり算をしましょう。 1問25点

① 2)352　② 3)435　③ 5)725　④ 7)875

4 3けたと1けたのわり算 練習

わり算をしましょう。

① 2)538　② 8)976　③ 4)936
④ 6)744　⑤ 3)417　⑥ 5)605
⑦ 8)936　⑧ 7)952　⑨ 8)944
⑩ 6)804　⑪ 4)704　⑫ 6)834

② 練習

「理解」で学習したことを身につけるための練習ページです。「理解」で学習したことを思い出しながら計算していきましょう。

ニガテ

間違えやすい計算はニガテのマークがついています。

③ ニガテ

間違えやすい計算は，別に単元を設けています。こちらも「理解」→「練習」と段階をふんでいますので，重点的に学習することができます。

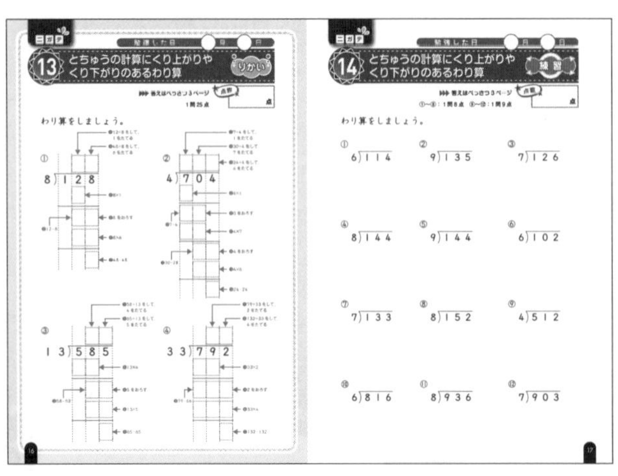
13 とちゅうの計算にくり上がりや くり下がりのあるわり算 りかい

わり算をしましょう。 1問25点

① 8)128　② 4)704　③ 13)585　④ 33)792

14 とちゅうの計算にくり上がりや くり下がりのあるわり算 練習

わり算をしましょう。

① 6)114　② 9)135　③ 7)126
④ 8)144　⑤ 9)144　⑥ 6)102
⑦ 7)133　⑧ 8)152　⑨ 4)512
⑩ 6)816　⑪ 8)936　⑫ 7)903

④ 計算マスターへの道！

ページが終わるごとに，巻頭の「計算マスターへの道」に学習した日と得点をつけましょう。

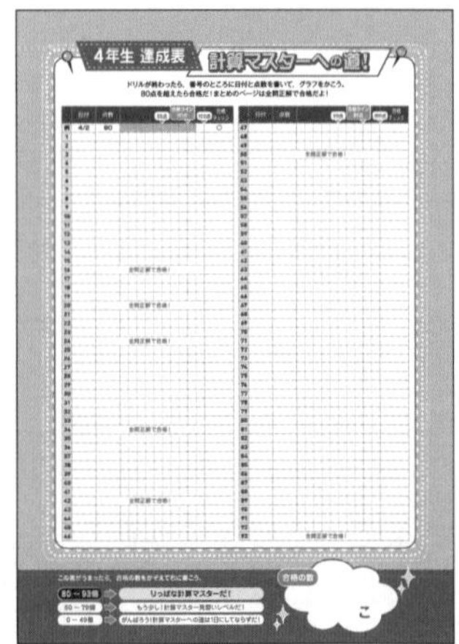
4年生 達成表 計算マスターへの道！

もくじ

Red

編集協力／有限会社 マイプラン 片田夕美　校正／坂東ゆかり・牧野文ずさ
装丁デザイン／株式会社 しろいろ　装丁イラスト／林ユミ　本文デザイン／ハイ制作室 若林千秋　本文イラスト／西村博子

勉強した日
月
日

1

2けたと1けたのわり算

りかい

答えはべっさつ1ページ

▶▶▶答えはべっさつ1ページ

1問25点

点数
点

わり算をしましょう。

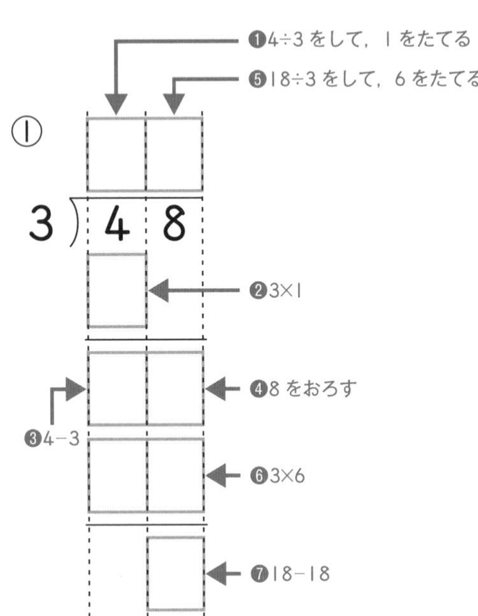

①
3)48
❶4÷3 をして，1 をたてる
❺18÷3 をして，6 をたてる
❷3×1
❸4−3
❹8 をおろす
❻3×6
❼18−18

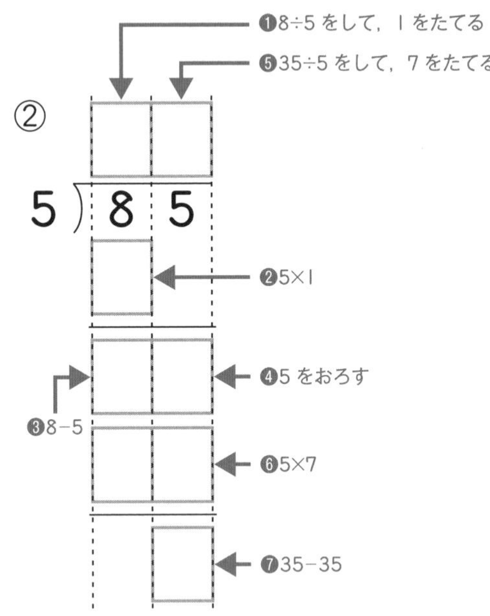

②
5)85
❶8÷5 をして，1 をたてる
❺35÷5 をして，7 をたてる
❷5×1
❸8−5
❹5 をおろす
❻5×7
❼35−35

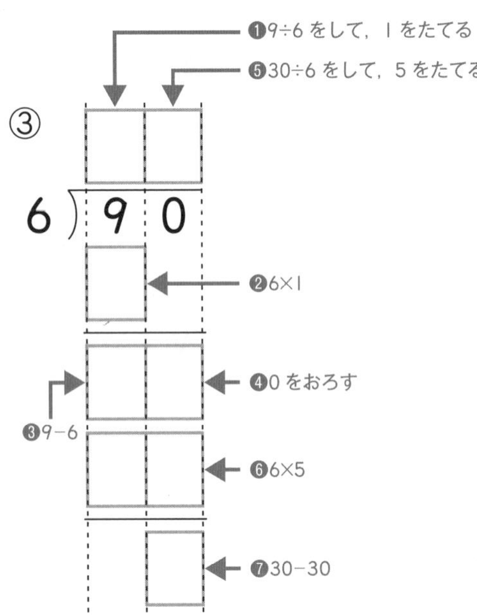

③
6)90
❶9÷6 をして，1 をたてる
❺30÷6 をして，5 をたてる
❷6×1
❸9−6
❹0 をおろす
❻6×5
❼30−30

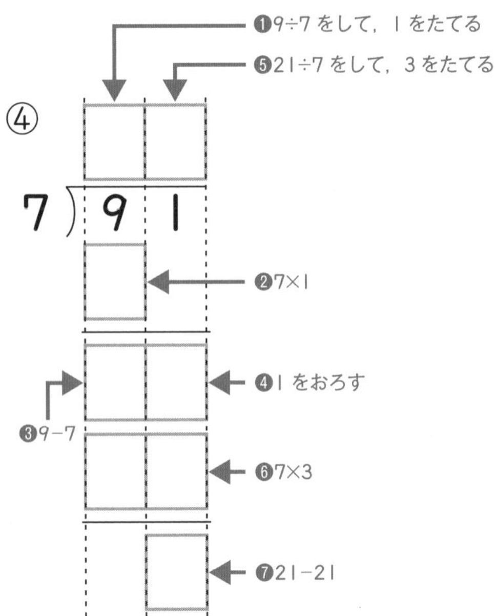

④
7)91
❶9÷7 をして，1 をたてる
❺21÷7 をして，3 をたてる
❷7×1
❸9−7
❹1 をおろす
❻7×3
❼21−21

勉強した日　

月
日

2

2けたと１けたのわり算

練習

▶▶▶ 答えはべっさつ１ページ

点数

点

①〜⑧：１問８点　⑨〜⑫：１問９点

わり算をしましょう。

① $2\overline{)52}$

② $5\overline{)70}$

③ $4\overline{)68}$

④ $7\overline{)84}$

⑤ $8\overline{)96}$

⑥ $3\overline{)87}$

⑦ $6\overline{)96}$

⑧ $2\overline{)78}$

⑨ $7\overline{)98}$

⑩ $4\overline{)56}$

⑪ $6\overline{)72}$

⑫ $5\overline{)75}$

3 3けたと1けたのわり算

りかい

▶▶▶答えはべっさつ1ページ

点数

点

わり算をしましょう。　1問25点

① $2\overline{)352}$

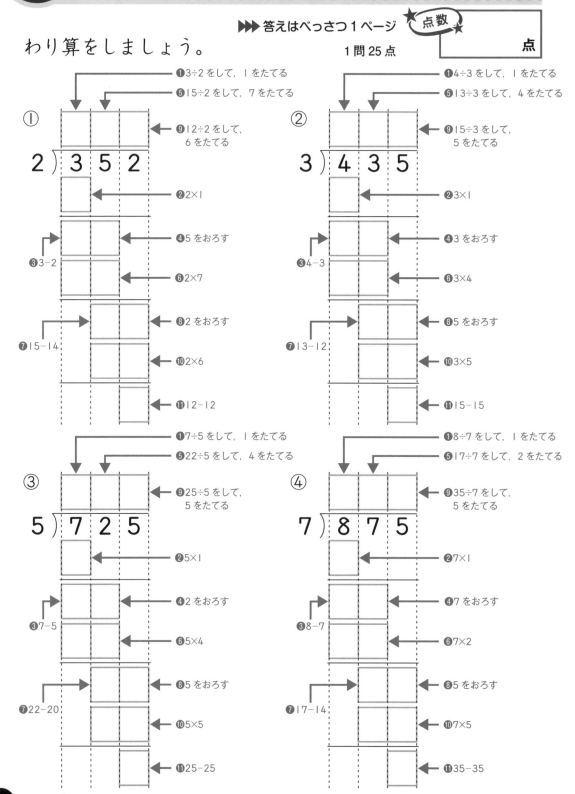

❶3÷2 をして，1 をたてる
❷2×1
❸3−2
❹5 をおろす
❺15÷2 をして，7 をたてる
❻2×7
❼15−14
❽2 をおろす
❾12÷2 をして，6 をたてる
❿2×6
⓫12−12

② $3\overline{)435}$

❶4÷3 をして，1 をたてる
❷3×1
❸4−3
❹3 をおろす
❺13÷3 をして，4 をたてる
❻3×4
❼13−12
❽5 をおろす
❾15÷3 をして，5 をたてる
❿3×5
⓫15−15

③ $5\overline{)725}$

❶7÷5 をして，1 をたてる
❷5×1
❸7−5
❹2 をおろす
❺22÷5 をして，4 をたてる
❻5×4
❼22−20
❽5 をおろす
❾25÷5 をして，5 をたてる
❿5×5
⓫25−25

④ $7\overline{)875}$

❶8÷7 をして，1 をたてる
❷7×1
❸8−7
❹7 をおろす
❺17÷7 をして，2 をたてる
❻7×2
❼17−14
❽5 をおろす
❾35÷7 をして，5 をたてる
❿7×5
⓫35−35

勉強した日
月
日

4

3けたと1けたのわり算

練習

▶▶▶答えはべっさつ1ページ

点数
点

わり算をしましょう。①〜⑧：1問8点　⑨〜⑫：1問9点

① $538 \div 2$

2)538

② $976 \div 8$

8)976

③ $936 \div 4$

4)936

④ $744 \div 6$

6)744

ニガテ

⑤ $417 \div 3$

3)417

⑥ $605 \div 5$

5)605

ニガテ

⑦ $936 \div 8$

8)936

⑧ $952 \div 7$

7)952

ニガテ

⑨ $944 \div 8$

8)944

ニガテ

⑩ $804 \div 6$

6)804

ニガテ

⑪ $704 \div 4$

4)704

ニガテ

⑫ $834 \div 6$

6)834

勉強した日
月
日

5

2けたと2けたのわり算

りかい

▶▶▶答えはべっさつ1ページ

点数
点

①〜④：1問15点　⑤〜⑥：1問20点

わり算をしましょう。

①

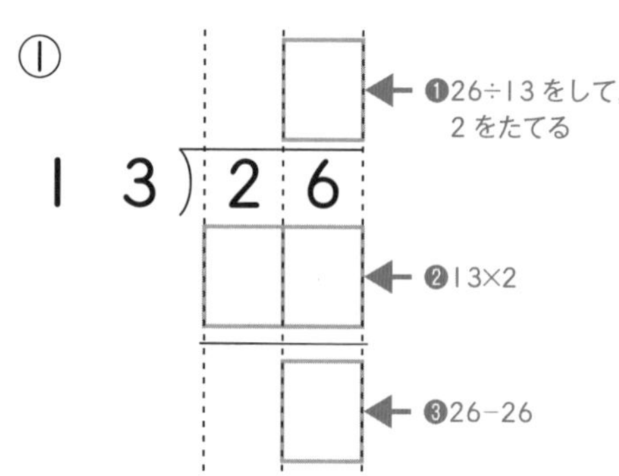
1 3)2 6
❶26÷13をして，2をたてる
❷13×2
❸26−26

②

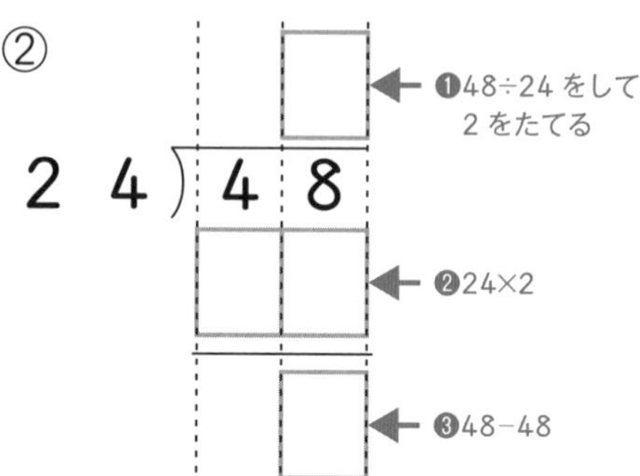
2 4)4 8
❶48÷24をして，2をたてる
❷24×2
❸48−48

③

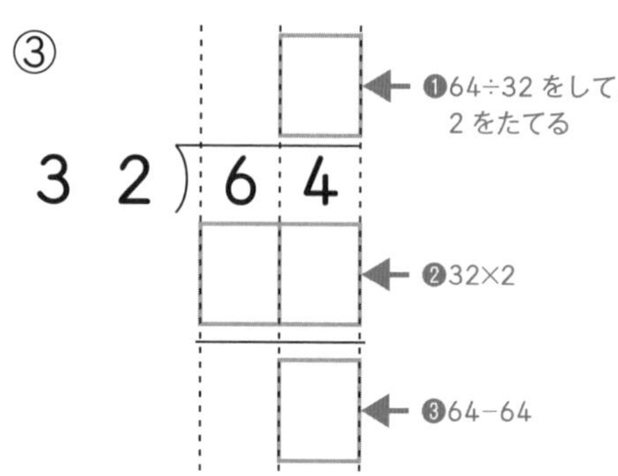
3 2)6 4
❶64÷32をして，2をたてる
❷32×2
❸64−64

④

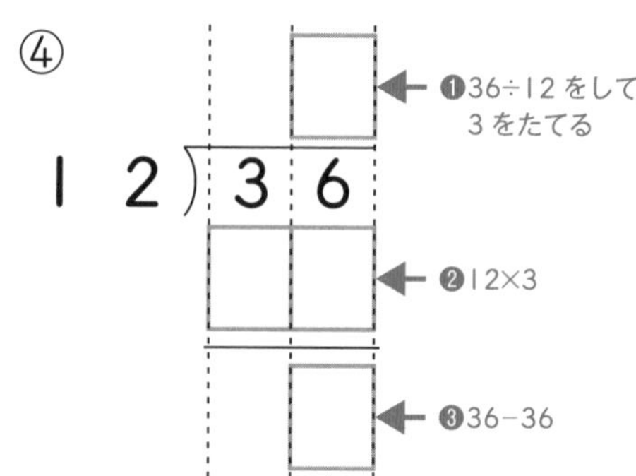
1 2)3 6
❶36÷12をして，3をたてる
❷12×3
❸36−36

⑤

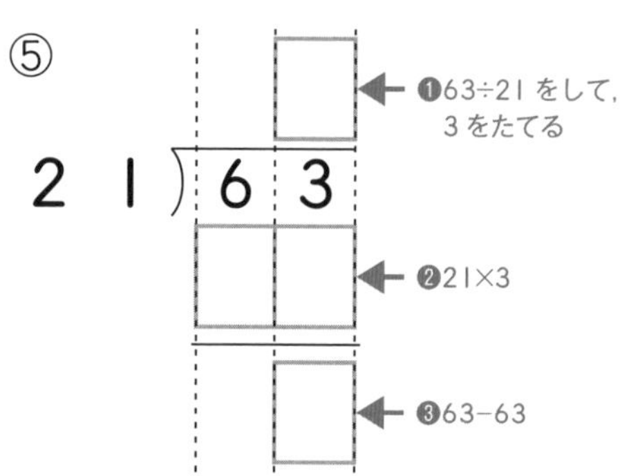
2 1)6 3
❶63÷21をして，3をたてる
❷21×3
❸63−63

⑥

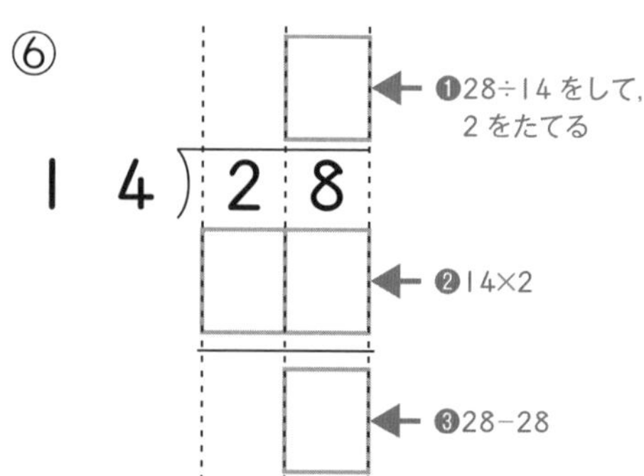
1 4)2 8
❶28÷14をして，2をたてる
❷14×2
❸28−28

勉強した日
月
日

6

2けたと2けたのわり算

練習

▶▶▶答えはべっさつ2ページ

点数
点

①～⑧：1問8点　⑨～⑫：1問9点

わり算をしましょう。

① $12\overline{)48}$

② $23\overline{)46}$

③ $41\overline{)82}$

④ $11\overline{)55}$

⑤ $31\overline{)93}$

⑥ $42\overline{)84}$

⑦ $32\overline{)96}$

⑧ $13\overline{)39}$

ニガテ
⑨ $16\overline{)32}$

ニガテ
⑩ $26\overline{)52}$

ニガテ
⑪ $12\overline{)96}$

⑫ $34\overline{)68}$

勉強した日
月
日

7

3けたと2けたのわり算

りかい

点数
点

▶▶▶答えはべっさつ2ページ

1問25点

わり算をしましょう。

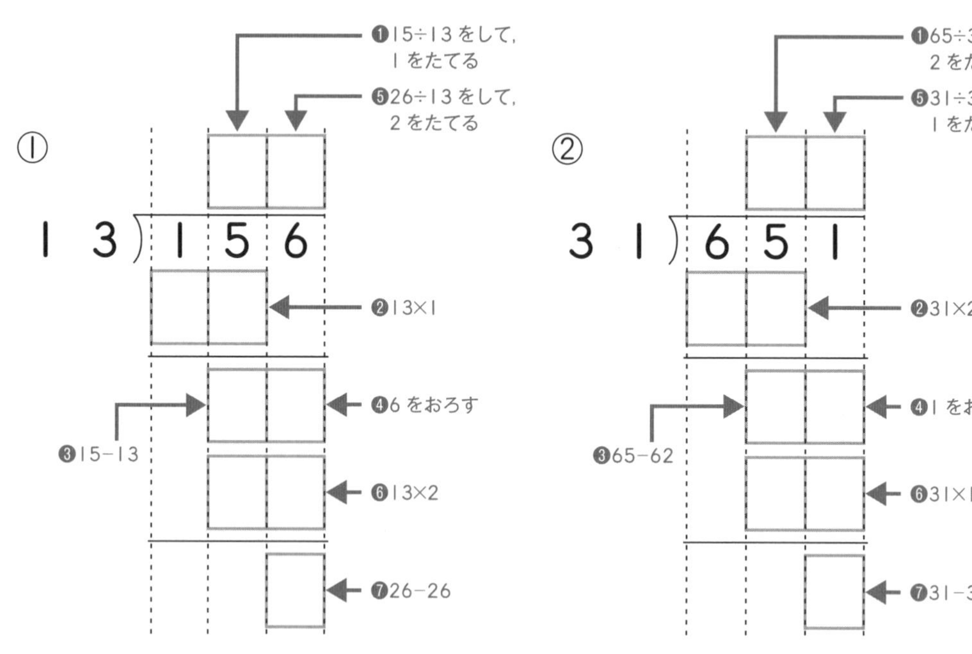

①
13)156
❶15÷13をして，
1をたてる
❺26÷13をして，
2をたてる
❷13×1
❸15−13
❹6をおろす
❻13×2
❼26−26
②
31)651
❶65÷31をして，
2をたてる
❺31÷31をして，
1をたてる
❷31×2
❸65−62
❹1をおろす
❻31×1
❼31−31

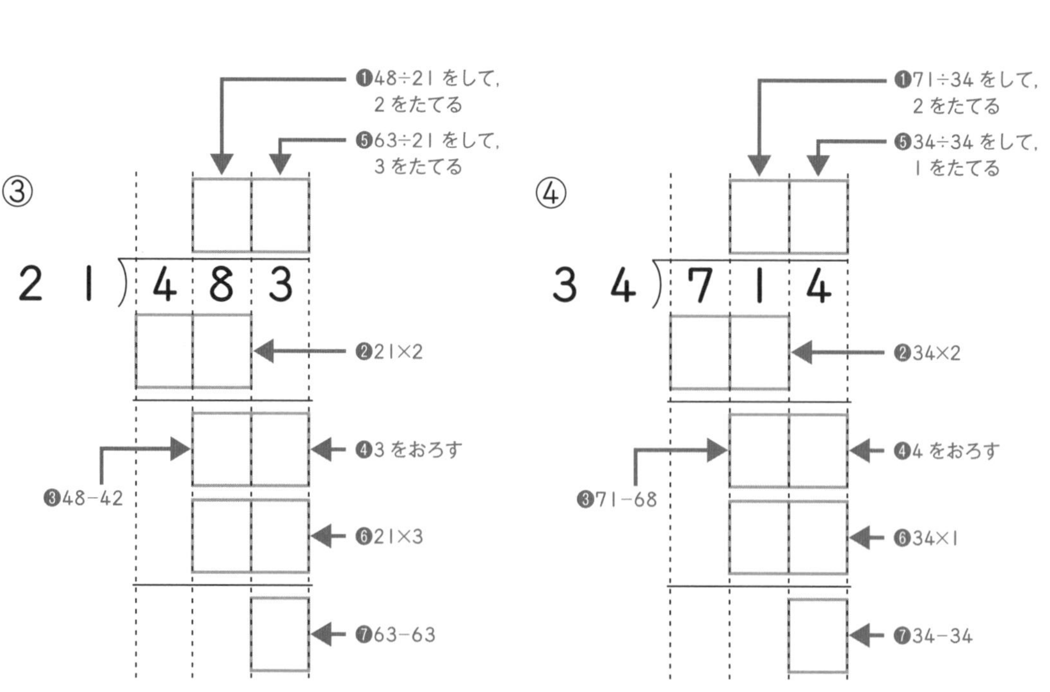

③
21)483
❶48÷21をして，
2をたてる
❺63÷21をして，
3をたてる
❷21×2
❸48−42
❹3をおろす
❻21×3
❼63−63
④
34)714
❶71÷34をして，
2をたてる
❺34÷34をして，
1をたてる
❷34×2
❸71−68
❹4をおろす
❻34×1
❼34−34

勉強した日 月 日

8 3けたと2けたのわり算

練習

▶▶▶答えはべっさつ2ページ

点数
点

①〜⑧：1問8点　⑨〜⑫：1問9点

わり算をしましょう。

① $12\overline{)384}$

② $41\overline{)861}$

③ $32\overline{)672}$

④ $15\overline{)165}$

⑤ $22\overline{)286}$

⑥ $14\overline{)294}$

⑦ $21\overline{)672}$

⑧ $34\overline{)374}$

⑨ $11\overline{)891}$

ニガテ
⑩ $16\overline{)192}$

ニガテ
⑪ $23\overline{)529}$

ニガテ
⑫ $36\overline{)828}$

勉強した日
月
日

9

3けたと2けたのわり算

練習

▶▶▶ 答えはべっさつ2ページ

①～⑧：1問8点　⑨～⑫：1問9点

点数
点

わり算をしましょう。

① $11\overline{)264}$

② $26\overline{)286}$

③ $31\overline{)992}$

④ $13\overline{)169}$

⑤ $12\overline{)144}$

⑥ $23\overline{)299}$

⑦ $41\overline{)492}$

⑧ $32\overline{)384}$

⑨ $22\overline{)484}$

ニガテ

⑩ $14\overline{)196}$

ニガテ

⑪ $19\overline{)589}$

ニガテ

⑫ $63\overline{)819}$

勉強した日  月 日

10 3けたと2けたのわり算

練習

▶▶▶答えはべっさつ2ページ

点数

点

①～⑧：1問8点　⑨～⑫：1問9点

わり算をしましょう。

① 13)299

② 21)294

③ 41)451

④ 35)385

⑤ 23)483

⑥ 11)176

⑦ 33)693

⑧ 14)168

⑨ 43)473

ニガテ

⑩ 15)195

ニガテ

⑪ 18)414

ニガテ

⑫ 76)912

勉強した日 月 日

11

4けたと1けたのわり算

りかい

答えはべっさつ3ページ

点数

点

1問50点

わり算をしましょう。

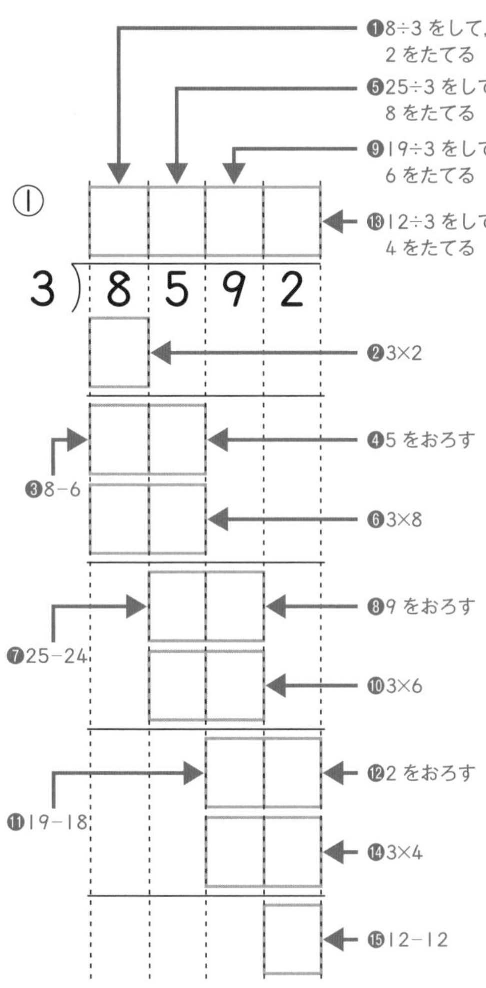
①
3)8592
❶8÷3をして，2をたてる
❺25÷3をして，8をたてる
❾19÷3をして，6をたてる
⓭12÷3をして，4をたてる
❷3×2
❸8−6
❹5をおろす
❻3×8
❼25−24
❽9をおろす
❿3×6
⓫19−18
⓬2をおろす
⓮3×4
⓯12−12

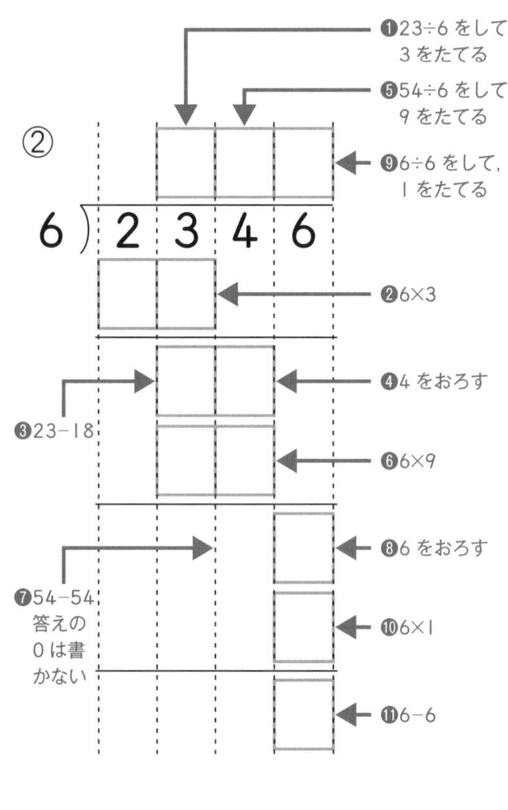
②
6)2346
❶23÷6をして，3をたてる
❺54÷6をして，9をたてる
❾6÷6をして，1をたてる
❷6×3
❸23−18
❹4をおろす
❻6×9
❼54−54 答えの0は書かない
❽6をおろす
❿6×1
⓫6−6

勉強した日
月
日

4けたと1けたのわり算

練習

▶▶▶答えはべっさつ3ページ

点数
点

①～⑦：1問10点　⑧～⑨：1問15点

わり算をしましょう。

① $3\overline{)4293}$

② $5\overline{)8425}$

③ $4\overline{)9428}$

④ $3\overline{)1593}$

⑤ $2\overline{)1336}$

⑥ $8\overline{)2872}$

⑦ $6\overline{)3930}$

ニガテ
⑧ $7\overline{)3451}$

ニガテ
⑨ $9\overline{)7713}$

ニガテ

勉強した日　　月　　日 

13 とちゅうの計算にくり上がりやくり下がりのあるわり算

りかい

▶▶▶答えはべっさつ３ページ

▶▶▶答えはべっさつ３ページ

点数
点

１問25点

わり算をしましょう。

①

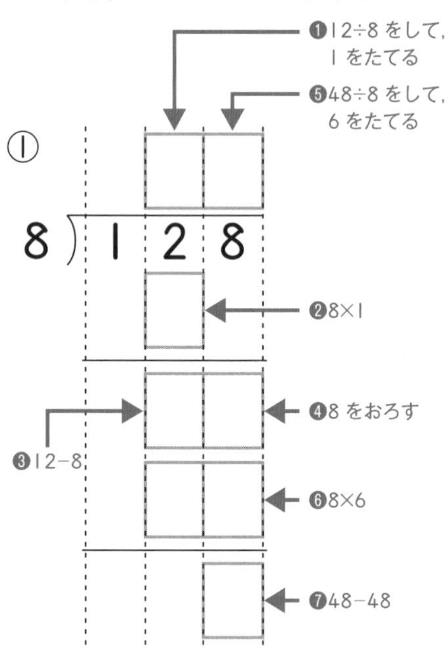
❶12÷8 をして，
1 をたてる
❺48÷8 をして，
6 をたてる
8)128
❷8×1
❸12−8
❹8 をおろす
❻8×6
❼48−48

②

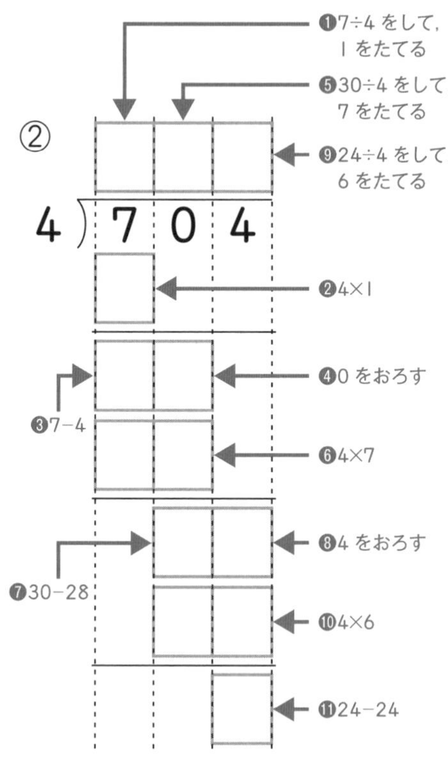
❶7÷4 をして，
1 をたてる
❺30÷4 をして，
7 をたてる
❾24÷4 をして，
6 をたてる
4)704
❷4×1
❸7−4
❹0 をおろす
❻4×7
❼30−28
❽4 をおろす
❿4×6
⓫24−24

③

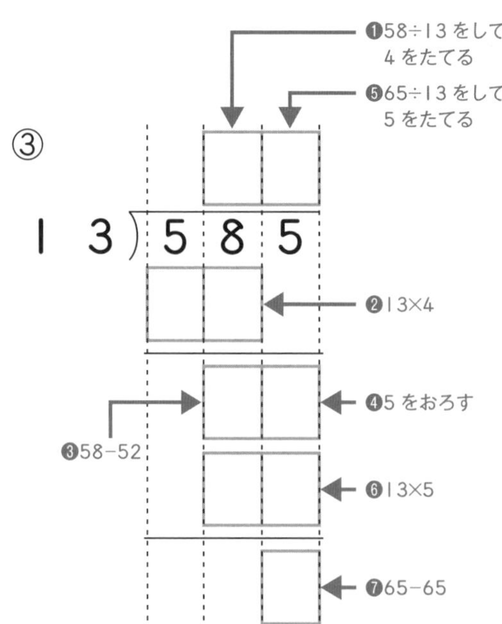
❶58÷13 をして，
4 をたてる
❺65÷13 をして，
5 をたてる
13)585
❷13×4
❸58−52
❹5 をおろす
❻13×5
❼65−65

④

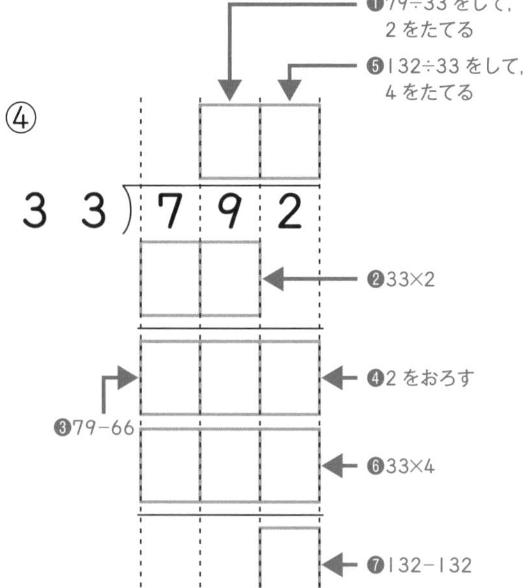
❶79÷33 をして，
2 をたてる
❺132÷33 をして，
4 をたてる
33)792
❷33×2
❸79−66
❹2 をおろす
❻33×4
❼132−132

ニガテ

勉強した日

月
日

14

とちゅうの計算にくり上がりやくり下がりのあるわり算

練習

▶▶▶答えはべっさつ3ページ

点数
点

①〜⑧：1問8点　⑨〜⑫：1問9点

わり算をしましょう。

① $6\overline{)114}$

② $9\overline{)135}$

③ $7\overline{)126}$

④ $8\overline{)144}$

⑤ $9\overline{)144}$

⑥ $6\overline{)102}$

⑦ $7\overline{)133}$

⑧ $8\overline{)152}$

⑨ $4\overline{)512}$

⑩ $6\overline{)816}$

⑪ $8\overline{)936}$

⑫ $7\overline{)903}$

ニガテ

勉強した日　　月　　日

15

15 とちゅうの計算にくり上がりやくり下がりのあるわり算

練習

▶▶▶答えはべっさつ3ページ

点数

点

①〜⑧：1問8点　⑨〜⑫：1問9点

わり算をしましょう。

① $13\overline{)195}$

② $27\overline{)567}$

③ $16\overline{)496}$

④ $17\overline{)884}$

⑤ $15\overline{)795}$

⑥ $23\overline{)575}$

⑦ $32\overline{)544}$

⑧ $18\overline{)522}$

⑨ $27\overline{)729}$

⑩ $6\overline{)5394}$

⑪ $7\overline{)6195}$

⑫ $9\overline{)3474}$

勉強した日　　月　　日

16

わり算のまとめ

たからばこのカギはどれ？

▶▶▶答えはべっさつ4ページ

答えがいちばん大きなカギがたからばこのカギです。
きみはたからをもらえるかな？

468÷39=

234÷18=

112÷7=

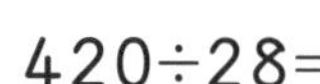
420÷28=

R

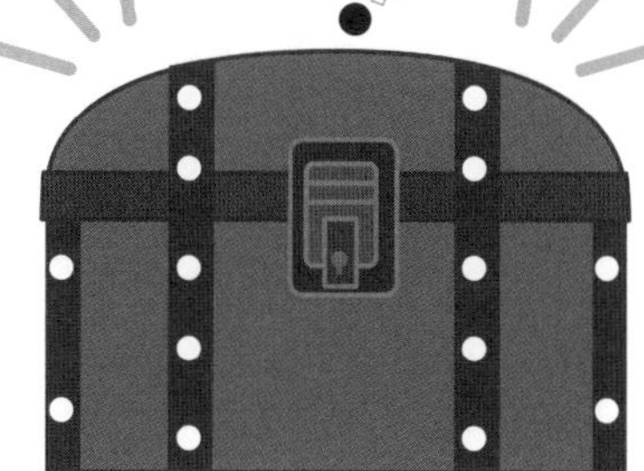

ニガテ

勉強した日　月　日

17 あまりがあるわり算

りかい

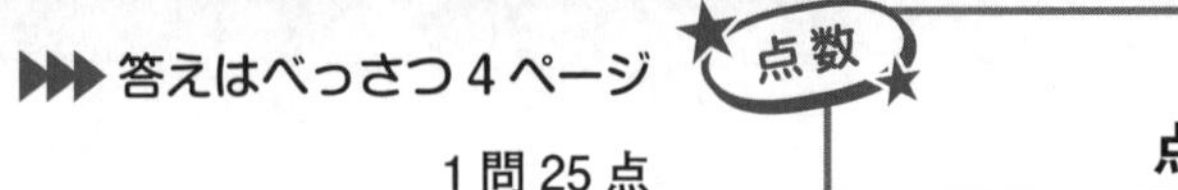

▶▶▶答えはべっさつ４ページ

点数　点

1問25点

わり算をして，商を一の位までもとめ，あまりも出しましょう。

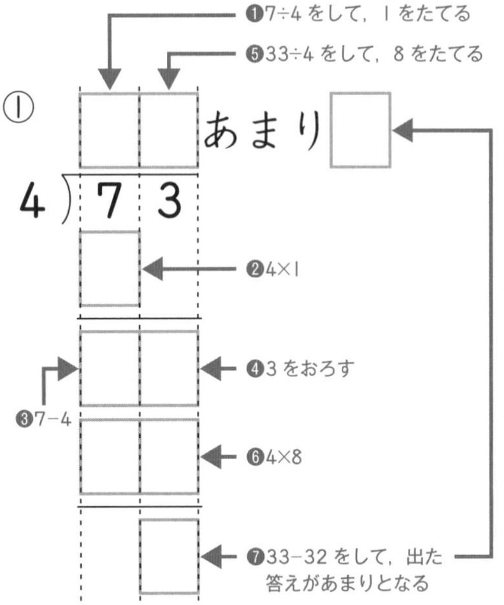

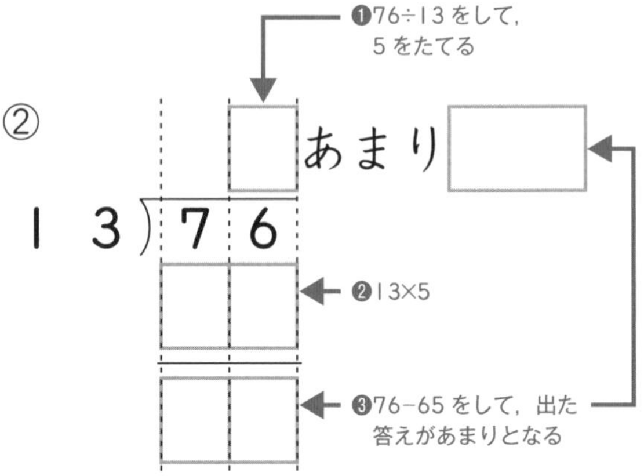

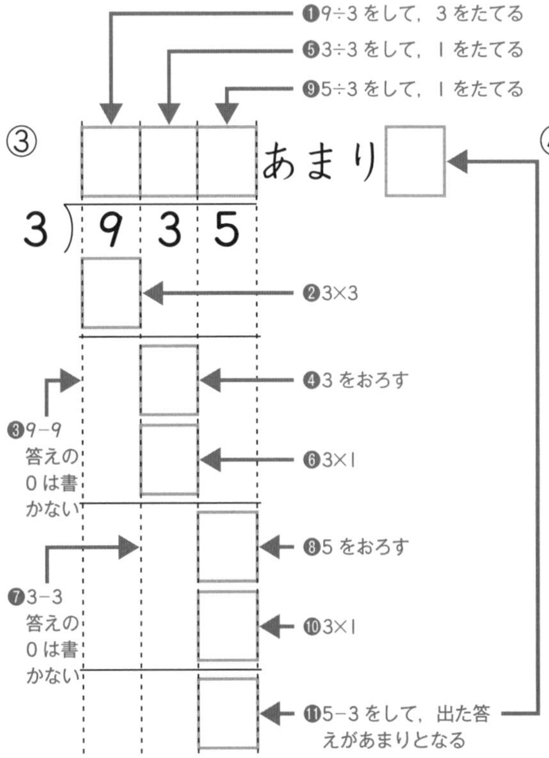

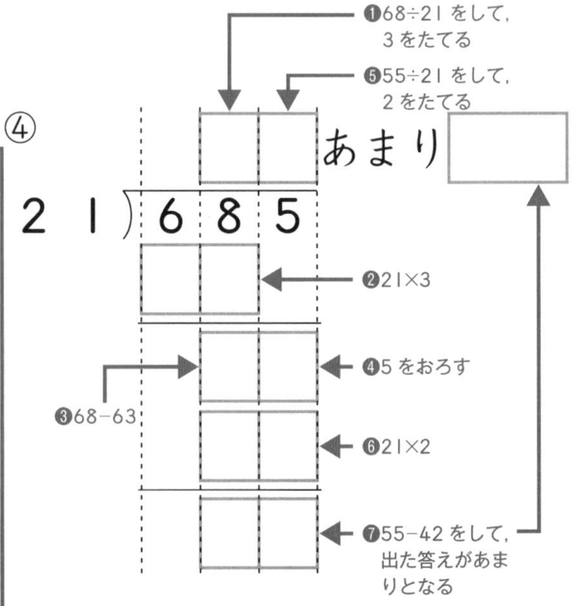

①

4)73　あまり

❶7÷4 をして，1 をたてる
❺33÷4 をして，8 をたてる
❷4×1
❸7−4
❹3 をおろす
❻4×8
❼33−32 をして，出た答えがあまりとなる

②

13)76　あまり

❶76÷13 をして，5 をたてる
❷13×5
❸76−65 をして，出た答えがあまりとなる

③

3)935　あまり

❶9÷3 をして，3 をたてる
❺3÷3 をして，1 をたてる
❾5÷3 をして，1 をたてる
❷3×3
❸9−9 答えの 0 は書かない
❹3 をおろす
❻3×1
❼3−3 答えの 0 は書かない
❽5 をおろす
❿3×1
⓫5−3 をして，出た答えがあまりとなる

④

21)685　あまり

❶68÷21 をして，3 をたてる
❺55÷21 をして，2 をたてる
❷21×3
❸68−63
❹5 をおろす
❻21×2
❼55−42 をして，出た答えがあまりとなる

勉強した日
月
日

18

18 あまりがあるわり算

練習

答えはべっさつ4ページ

①〜⑧：1問8点　⑨〜⑫：1問9点

点数
点

わり算をして，商を一の位までもとめ，あまりも出しましょう。

① 2)87

② 4)86

③ 3)95

④ 4)49

⑤ 7)87

⑥ 5)89

⑦ 3)71

⑧ 6)82

⑨ 2)469

⑩ 4)935

⑪ 8)452

⑫ 7)612

ニガテ

勉強した日
月
日

19

あまりがあるわり算

練習

▶▶▶答えはべっさつ4ページ

点数

点

①〜⑧：1問8点　⑨〜⑫：1問9点

わり算をして，商を一の位までもとめ，あまりも出しましょう。

① $12\overline{)38}$

② $42\overline{)97}$

③ $23\overline{)61}$

④ $31\overline{)71}$

⑤ $28\overline{)69}$

⑥ $19\overline{)89}$

⑦ $17\overline{)81}$

⑧ $26\overline{)87}$

⑨ $32\overline{)998}$

⑩ $21\overline{)723}$

⑪ $18\overline{)789}$

⑫ $36\overline{)915}$

勉強した日　

月
日

20

あまりがあるわり算のまとめ

暗号ゲーム

▶▶▶答えはべっさつ5ページ

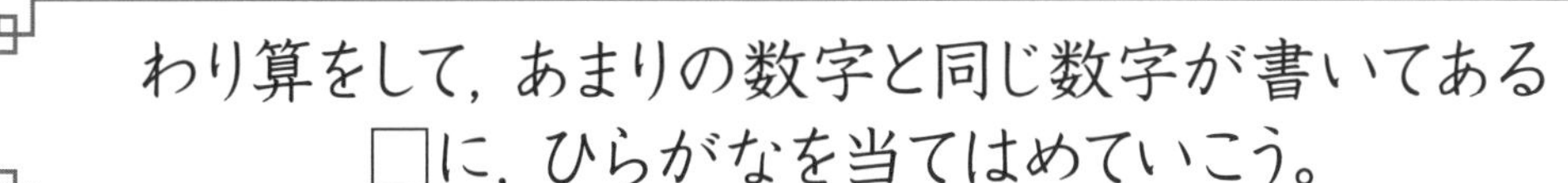

わり算をして，あまりの数字と同じ数字が書いてある
□に，ひらがなを当てはめていこう。

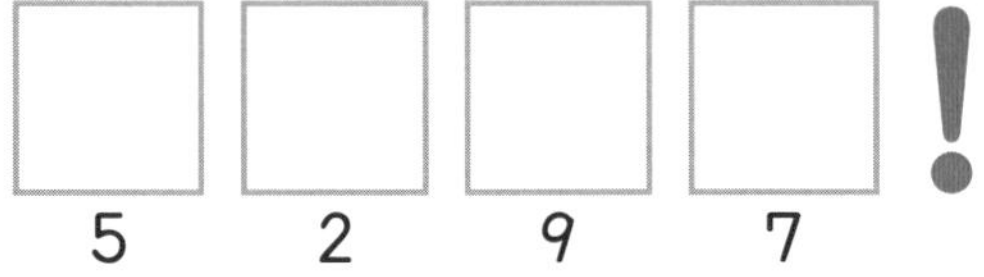

5
2
9
7
!

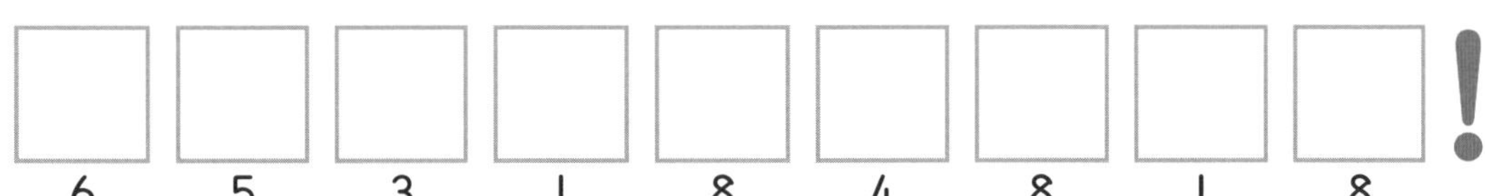

6
5
3
1
8
4
8
1
8
!

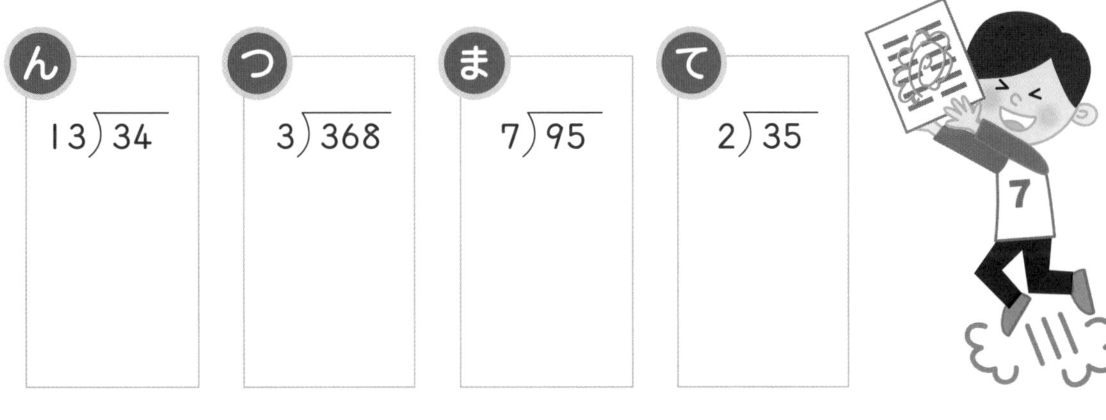

ん　13)34
つ　3)368
ま　7)95
て　2)35
7

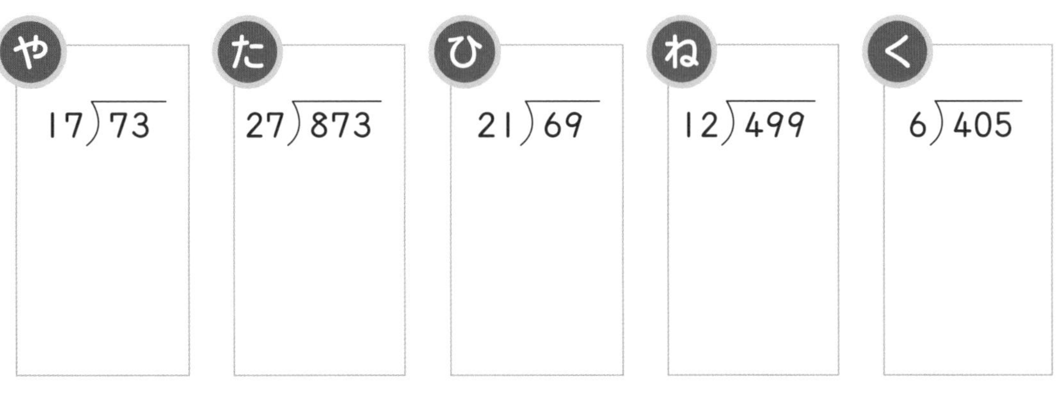

や　17)73
た　27)873
ひ　21)69
ね　12)499
く　6)405

ニガテ

勉強した日　月　日

21 答えに０があるわり算

りかい

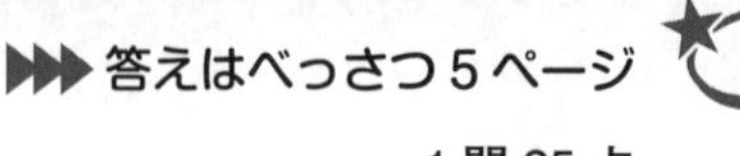
▶▶▶答えはべっさつ５ページ

1問25点

点数
点

わり算をしましょう。

①

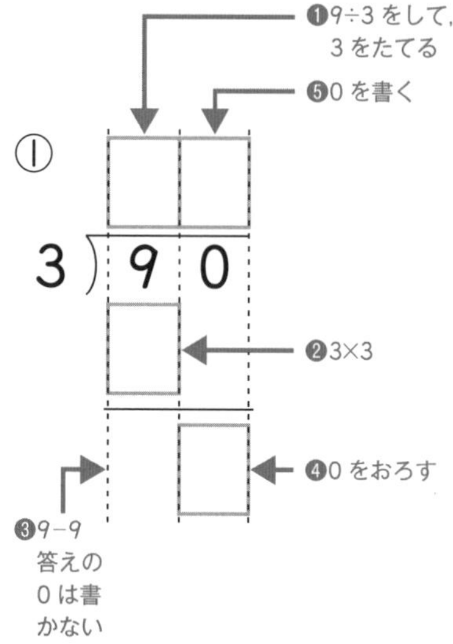
3)90
❶9÷3 をして，3 をたてる
❺0 を書く
❷3×3
❹0 をおろす
❸9−9 答えの 0 は書かない

②

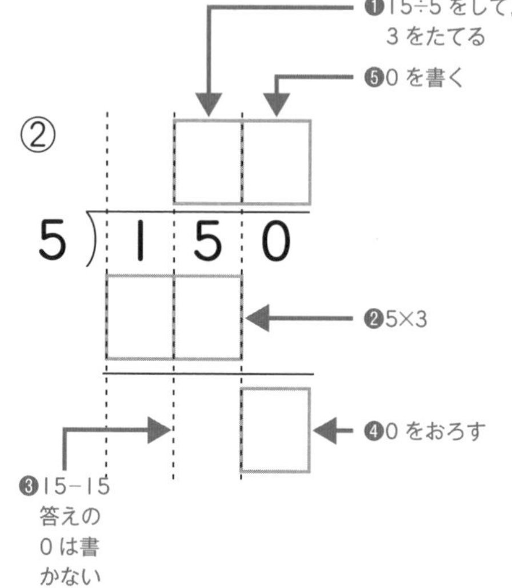
5)150
❶15÷5 をして，3 をたてる
❺0 を書く
❷5×3
❹0 をおろす
❸15−15 答えの 0 は書かない

③

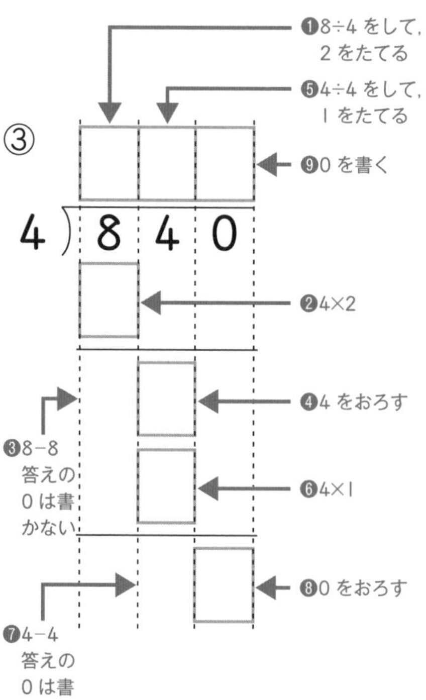
4)840
❶8÷4 をして，2 をたてる
❺4÷4 をして，1 をたてる
❾0 を書く
❷4×2
❹4 をおろす
❸8−8 答えの 0 は書かない
❻4×1
❽0 をおろす
❼4−4 答えの 0 は書かない

④

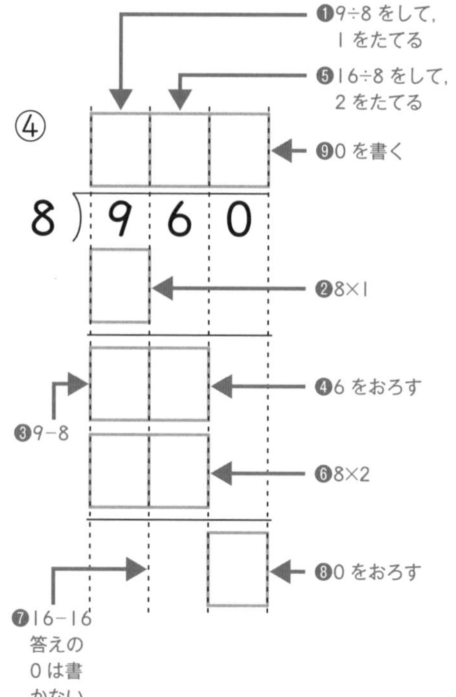
8)960
❶9÷8 をして，1 をたてる
❺16÷8 をして，2 をたてる
❾0 を書く
❷8×1
❹6 をおろす
❸9−8
❻8×2
❽0 をおろす
❼16−16 答えの 0 は書かない

勉強した日
月
日

22

答えに０があるわり算

練習

▶▶▶答えはべっさつ５ページ

点数
点

①～⑧：１問８点　⑨～⑫：１問９点

わり算をしましょう。

① 2）80

② 4）40

③ 3）60

④ 8）80

⑤ 2）60

⑥ 9）90

⑦ 4）80

⑧ 2）20

⑨ 3）90

⑩ 7）70

⑪ 5）50

⑫ 2）40

ニガテ

勉強した日　　月　日

23

答えに０があるわり算

練習

▶▶▶答えはべっさつ５ページ

点数

点

①～⑧：１問８点　⑨～⑫：１問９点

わり算をしましょう。

① 3)630

② 4)480

③ 6)660

④ 7)700

⑤ 3)900

⑥ 2)400

⑦ 7)490

⑧ 9)540

⑨ 8)320

⑩ 5)600

⑪ 4)920

⑫ 6)780

勉強した日　　月　　日

24 答えに0があるわり算のまとめ
ハチのすめいろ

▶▶▶答えはべっさつ5ページ

答えが20になるハチのすの部屋を進みましょう。
クマに会わないようにゴールへたどりつけるかな？

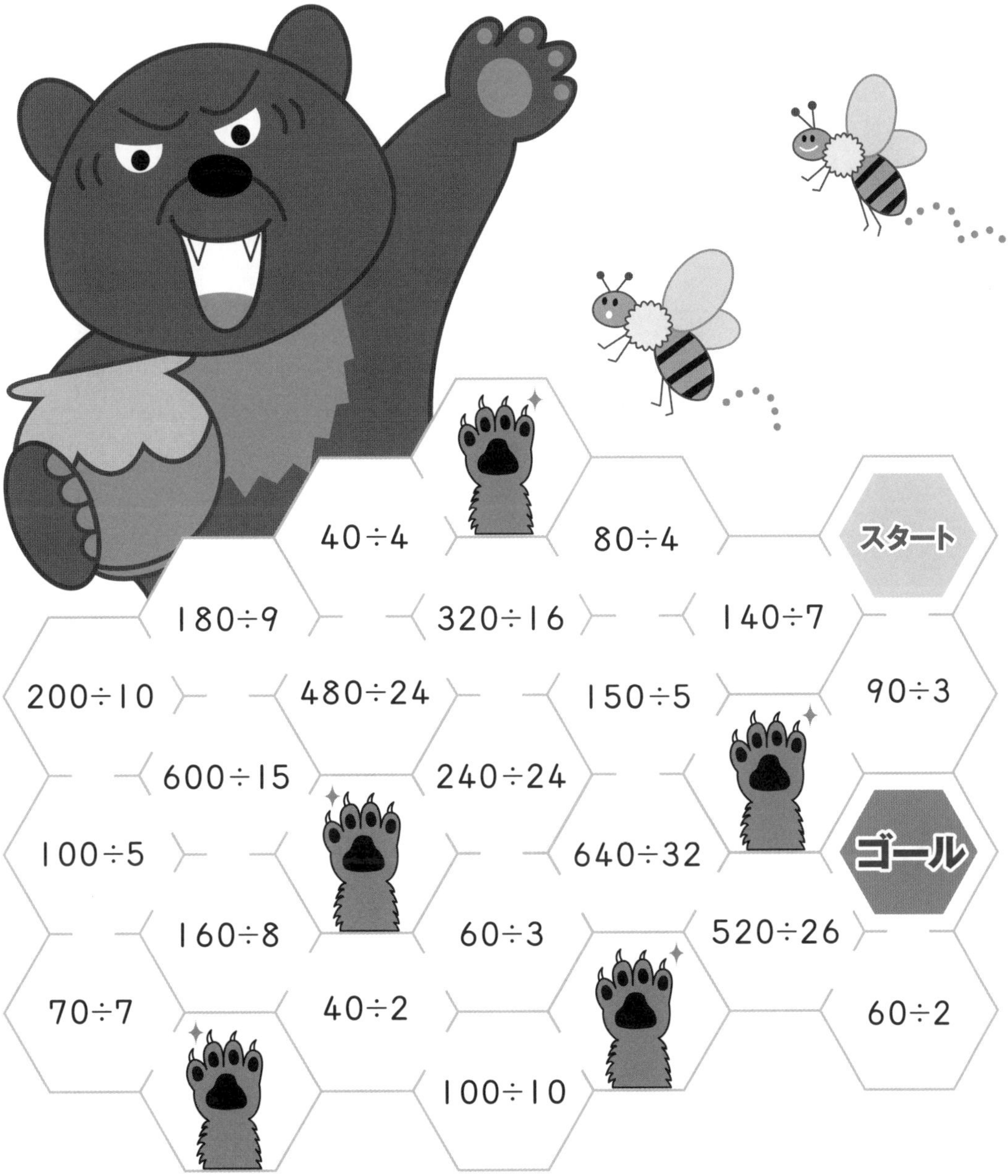

スタート

40÷4
80÷4
180÷9
320÷16
140÷7
200÷10
480÷24
150÷5
90÷3
600÷15
240÷24
100÷5
640÷32
ゴール
160÷8
60÷3
520÷26
70÷7
40÷2
60÷2
100÷10

ニガテ

勉強した日　　月　　日

25

25 ＋，－，×，÷がまじった計算①

りかい

答えはべっさつ6ページ

点数

点

①〜④：1問15点　⑤〜⑥：1問20点

計算をしましょう。

① $100-(15+25)=100-\square=\square$
（かっこの中を先に計算する）

② $8.9-(5.2-2.4)=8.9-\square=\square$
（かっこの中を先に計算する）

③ $23\times(55-51)=23\times\square=\square$
（かっこの中を先に計算する）

④ $(43-29)\times7=\square\times7=\square$
（かっこの中を先に計算する）

⑤ $48\div(29-23)=48\div\square=\square$
（かっこの中を先に計算する）

⑥ $(18+27)\div5=\square\div5=\square$
（かっこの中を先に計算する）

ニガテ

勉強した日　月　日

26 +, −, ×, ÷がまじった計算①

練習

答えはべっさつ6ページ

点数　点

①〜⑩：1問8点　⑪〜⑫：1問10点

計算をしましょう。

① $100-(32+18)$

② $100-(67-27)$

③ $7.2-(2.6+1.1)$

④ $9.1-(8.8-3.5)$

⑤ $27\times(76-73)$

⑥ $16\times(41-35)$

⑦ $(5+6)\times8$

⑧ $(73-58)\times5$

⑨ $56\div(3+5)$

⑩ $81\div(81-72)$

⑪ $(49-21)\div7$

⑫ $(7+28)\div5$

ニガテ

勉強した日
月 日

27

+, −, ×, ÷がまじった計算②

りかい

▶▶▶答えはべっさつ6ページ

点数

①〜④：1問15点　⑤〜⑥：1問20点

点

計算をしましょう。

① $3+\underline{4\times 6}=3+\square=\square$

かけ算を先に計算する

② $18+\underline{3\times 15}=18+\square=\square$

かけ算を先に計算する

③ $87-\underline{5\times 7}=87-\square=\square$

かけ算を先に計算する

④ $13+\underline{40\div 8}=13+\square=\square$

わり算を先に計算する

⑤ $33-\underline{45\div 5}=33-\square=\square$

わり算を先に計算する

⑥ $12-\underline{84\div 21}=12-\square=\square$

わり算を先に計算する

ニガテ

勉強した日 月 日

28

+, −, ×, ÷がまじった計算②

練習

▶▶▶答えはべっさつ6ページ

点数

点

①〜⑩：1問8点　⑪〜⑫：1問10点

計算をしましょう。

① $5+8\times3$

② $15+21\times3$

③ $39+28\times2$

④ $54-3\times9$

⑤ $67-12\times3$

⑥ $91-37\times2$

⑦ $5+32\div8$

⑧ $26+72\div9$

⑨ $17+93\div3$

⑩ $25-15\div5$

⑪ $56-84\div4$

⑫ $21-88\div22$

ニガテ

勉強した日　　月　　日

29

+, −, ×, ÷がまじった計算③

りかい

答えはべっさつ6ページ

①～④：1問15点　⑤～⑥：1問20点

点数　　点

計算をしましょう。

① 8−(17−5×2)＝8−(17−□)＝8−□＝□

❶かっこの中のかけ算を計算する　❷かっこの中を計算する

② 41−(7×9−31)＝41−(□−31)＝41−□＝□

❶かっこの中のかけ算を計算する　❷かっこの中を計算する

③ 71−(5×5+37)＝71−(□+37)＝71−□＝□

❶かっこの中のかけ算を計算する　❷かっこの中を計算する

④ 68−(32−24÷8)＝68−(32−□)＝68−□＝□

❶かっこの中のわり算を計算する　❷かっこの中を計算する

⑤ 45−(15+56÷7)＝45−(15+□)＝45−□＝□

❶かっこの中のわり算を計算する　❷かっこの中を計算する

⑥ 43−(84÷4−14)＝43−(□−14)＝43−□＝□

❶かっこの中のわり算を計算する　❷かっこの中を計算する

ニガテ

勉強した日　月　日

30 ＋，－，×，÷がまじった計算③　練習

▶▶▶答えはべっさつ７ページ

点数

点

①～⑩：１問８点　⑪～⑫：１問10点

計算をしましょう。

① $27-(22-4\times5)$

② $98-(25+7\times6)$

③ $85-(8\times3+43)$

④ $49-(73-6\times8)$

⑤ $76-(34+7\times4)$

⑥ $62-(5\times9-26)$

⑦ $38-(29-12\div2)$

⑧ $42-(81\div9-5)$

⑨ $53-(30\div6+21)$

⑩ $88-(34+42\div6)$

⑪ $36-(96\div3-15)$

⑫ $91-(46\div2+29)$

31 +, −, ×, ÷がまじった計算④

くふうして計算をしましょう。

① 38+26+74=38+□=□
（26+74を先に計算する）

② 2.6+3.8+7.4=□+□+7.4=3.8+□=□
（❶順番をいれかえる　❷先に計算する）

③ 13×5×2=13×□=□
（5×2を先に計算する）

④ 5×13×2=□×□×2=13×□=□
（❶順番をいれかえる　❷先に計算する）

⑤ 68×7+32×7=(□+□)×7=□×7=□
（❶ひとつにまとめる　❷先に計算する）

⑥ 102×12=(100+□)×12=100×12+□×12
（❶ 100と2にわける　❷ 2つのかけ算にわける）

=1200+□=□

ニガテ

勉強した日
月
日

32

+, −, ×, ÷がまじった計算④

練習

▶▶▶答えはべっさつ７ページ

点数
点

①〜⑩：1問8点　⑪〜⑫：1問10点

くふうして計算をしましょう。

① 17＋46＋33

② 36＋28＋32

③ 6.4＋7.7＋3.6

④ 68×2×5

⑤ 5×41×4

⑥ 57×4×25

⑦ 73×9＋27×9

⑧ 28×28＋28×72

⑨ 32×48−32×28

⑩ 97×21

⑪ 14×102

⑫ 14×99

ニガテ

勉強した日　月　日

33

33 +, −, ×, ÷がまじった計算④

練習

▶▶▶答えはべっさつ7ページ

点数

①〜⑩：1問8点　⑪〜⑫：1問10点

点

くふうして計算をしましょう。

① $56 + 87 + 44$

② $35 + 28 + 22$

③ $2.6 + 6.5 + 7.4$

④ $21 \times 5 \times 8$

⑤ $4 \times 86 \times 25$

⑥ $61 \times 25 \times 4$

⑦ $74 \times 5 - 24 \times 5$

⑧ $31 \times 36 + 31 \times 64$

⑨ $43 \times 37 - 43 \times 17$

⑩ 101×22

⑪ 98×31

⑫ 23×99

勉強した日　　月　　日

34

+,−,×,÷がまじった計算のまとめ

どんぐりのあみだくじ

答えはべっさつ7ページ

動物たちはどんぐりを3こずつ持っています。
いちばん多くどんぐりがひろえる道はどれかな？

×5

×7

わかれ道にきたら
下に進もう

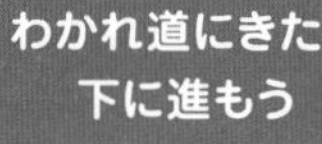
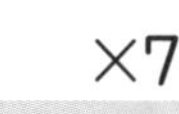

+3

+4

−4

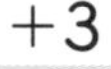

÷2

×1

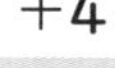

+1

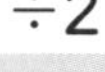

勉強した日

月
日

35

$\frac{1}{100}$ と $\frac{1}{100}$ のたし算

りかい

答えはべっさつ7ページ

点数
点

①〜④：1問15点　⑤〜⑥：1問20点

たし算をしましょう。

①
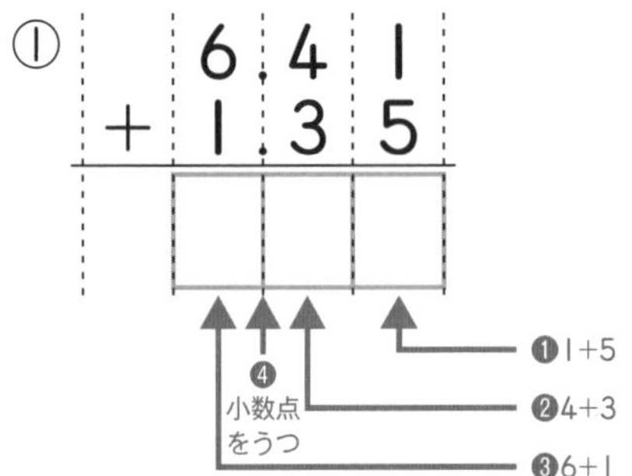
6.41
+ 1.35
❶1+5
❷4+3
❸6+1
❹小数点をうつ

②
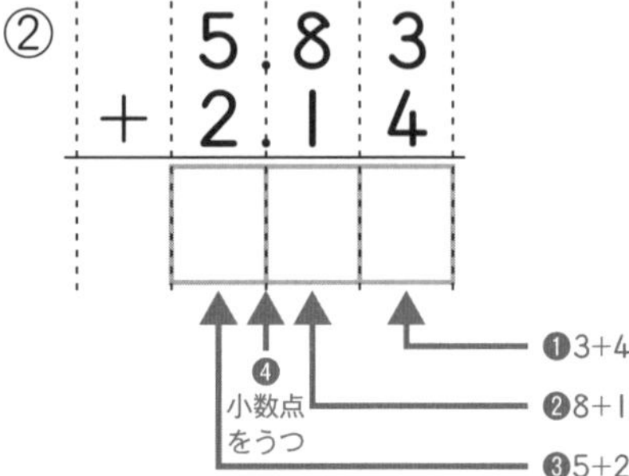
5.83
+ 2.14
❶3+4
❷8+1
❸5+2
❹小数点をうつ

③
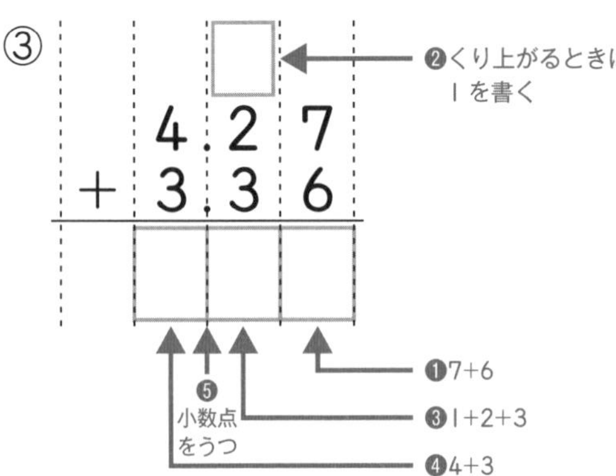
❷くり上がるときは，1を書く
4.27
+ 3.36
❶7+6
❸1+2+3
❹4+3
❺小数点をうつ

④
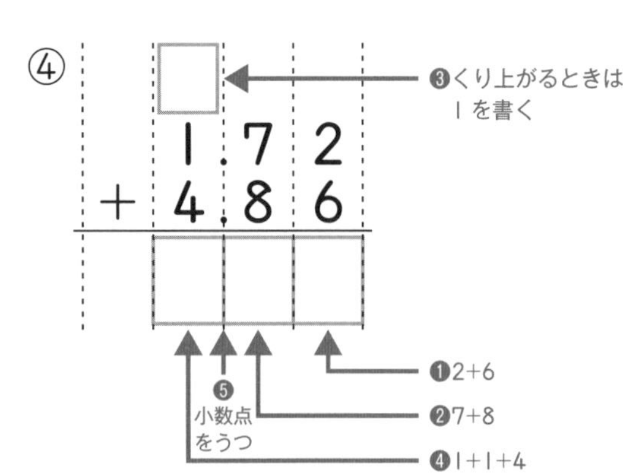
❸くり上がるときは，1を書く
1.72
+ 4.86
❶2+6
❷7+8
❹1+1+4
❺小数点をうつ

⑤
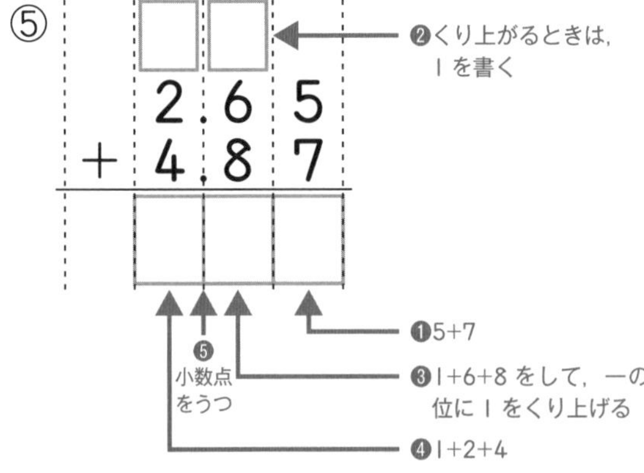
❷くり上がるときは，1を書く
2.65
+ 4.87
❶5+7
❸1+6+8をして，一の位に1をくり上げる
❹1+2+4
❺小数点をうつ

⑥
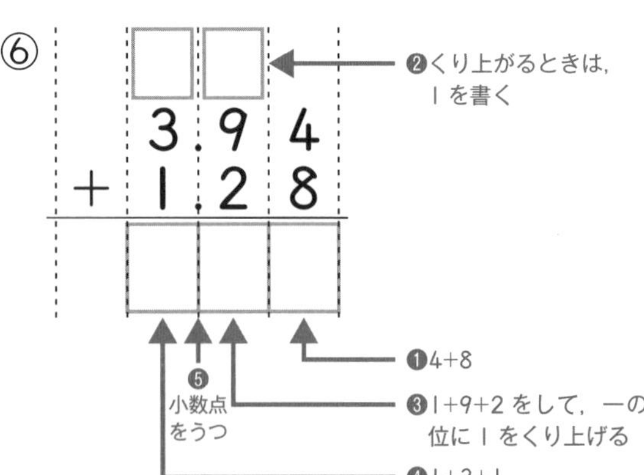
❷くり上がるときは，1を書く
3.94
+ 1.28
❶4+8
❸1+9+2をして，一の位に1をくり上げる
❹1+3+1
❺小数点をうつ

勉強した日
月
日

36

$\frac{1}{100}$と$\frac{1}{100}$のたし算

練習

▶▶▶答えはべっさつ8ページ

点数

点

①〜⑩：1問8点　⑪〜⑫：1問10点

たし算をしましょう。

①
$$\begin{array}{r} 2.61 \\ +3.27 \\ \hline \end{array}$$

②
$$\begin{array}{r} 4.17 \\ +5.02 \\ \hline \end{array}$$

③
$$\begin{array}{r} 8.36 \\ +1.42 \\ \hline \end{array}$$

④
$$\begin{array}{r} 3.49 \\ +6.15 \\ \hline \end{array}$$

⑤
$$\begin{array}{r} 4.57 \\ +2.34 \\ \hline \end{array}$$

⑥
$$\begin{array}{r} 0.63 \\ +1.28 \\ \hline \end{array}$$

⑦
$$\begin{array}{r} 7.95 \\ +1.32 \\ \hline \end{array}$$

⑧
$$\begin{array}{r} 3.41 \\ +3.83 \\ \hline \end{array}$$

⑨
$$\begin{array}{r} 5.75 \\ +2.54 \\ \hline \end{array}$$

⑩
$$\begin{array}{r} 2.96 \\ +1.35 \\ \hline \end{array}$$

⑪
$$\begin{array}{r} 4.49 \\ +3.62 \\ \hline \end{array}$$

⑫
$$\begin{array}{r} 3.68 \\ +5.38 \\ \hline \end{array}$$

勉強した日
月
日

37

$\frac{1}{100}$ と $\frac{1}{100}$ のたし算

練習

▶▶▶答えはべっさつ8ページ

点数

点

①～⑩：1問8点　⑪～⑫：1問10点

たし算をしましょう。

①
$$\begin{array}{r} 2.01 \\ +\,7.46 \\ \hline \end{array}$$

②
$$\begin{array}{r} 3.24 \\ +\,1.64 \\ \hline \end{array}$$

③
$$\begin{array}{r} 5.83 \\ +\,4.15 \\ \hline \end{array}$$

④
$$\begin{array}{r} 3.48 \\ +\,2.35 \\ \hline \end{array}$$

⑤
$$\begin{array}{r} 0.17 \\ +\,9.27 \\ \hline \end{array}$$

⑥
$$\begin{array}{r} 1.29 \\ +\,4.36 \\ \hline \end{array}$$

⑦
$$\begin{array}{r} 5.72 \\ +\,3.52 \\ \hline \end{array}$$

⑧
$$\begin{array}{r} 2.53 \\ +\,6.94 \\ \hline \end{array}$$

⑨
$$\begin{array}{r} 4.63 \\ +\,3.61 \\ \hline \end{array}$$

⑩
$$\begin{array}{r} 3.89 \\ +\,5.62 \\ \hline \end{array}$$

⑪
$$\begin{array}{r} 1.74 \\ +\,3.38 \\ \hline \end{array}$$

⑫
$$\begin{array}{r} 4.58 \\ +\,2.43 \\ \hline \end{array}$$

勉強した日
月
日

38

$\frac{1}{100}$ と $\frac{1}{100}$ のたし算

練習

▶▶▶答えはべっさつ８ページ

①～⑩：１問８点　⑪～⑫：１問10点

点数

点

たし算をしましょう。

①
$$\begin{array}{r} 6.43 \\ +2.15 \\ \hline \end{array}$$

②
$$\begin{array}{r} 0.28 \\ +4.61 \\ \hline \end{array}$$

③
$$\begin{array}{r} 2.73 \\ +5.23 \\ \hline \end{array}$$

④
$$\begin{array}{r} 3.19 \\ +4.17 \\ \hline \end{array}$$

⑤
$$\begin{array}{r} 7.25 \\ +1.68 \\ \hline \end{array}$$

⑥
$$\begin{array}{r} 1.06 \\ +5.37 \\ \hline \end{array}$$

⑦
$$\begin{array}{r} 4.23 \\ +4.86 \\ \hline \end{array}$$

⑧
$$\begin{array}{r} 2.74 \\ +3.51 \\ \hline \end{array}$$

⑨
$$\begin{array}{r} 5.41 \\ +2.95 \\ \hline \end{array}$$

⑩
$$\begin{array}{r} 3.73 \\ +5.38 \\ \hline \end{array}$$

⑪
$$\begin{array}{r} 2.84 \\ +6.97 \\ \hline \end{array}$$

⑫
$$\begin{array}{r} 4.98 \\ +2.04 \\ \hline \end{array}$$

ニガテ

39

$\frac{1}{10}$ と $\frac{1}{100}$ のたし算

りかい

答えはべっさつ 8 ページ

①～④：1 問 15 点　⑤～⑥：1 問 20 点

点数
点

たし算をしましょう。

①

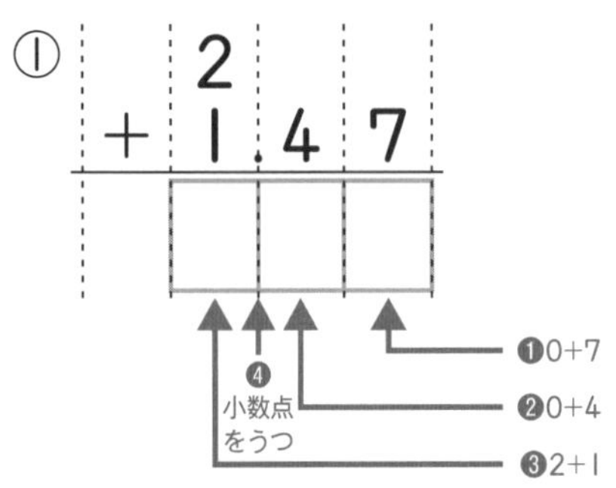
2
+ 1.4 7
❹小数点をうつ
❶0+7
❷0+4
❸2+1

②

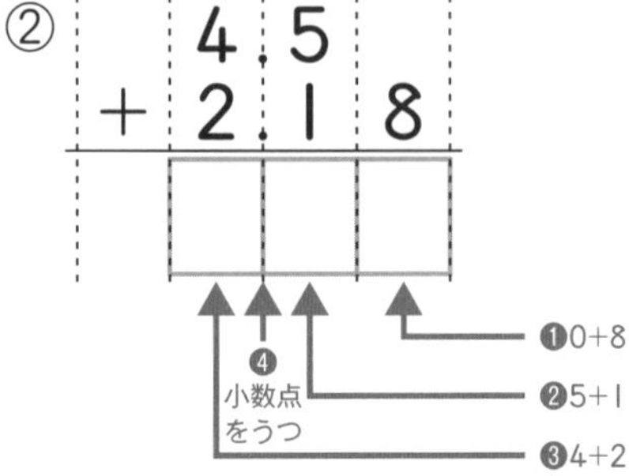
4.5
+ 2.1 8
❹小数点をうつ
❶0+8
❷5+1
❸4+2

③

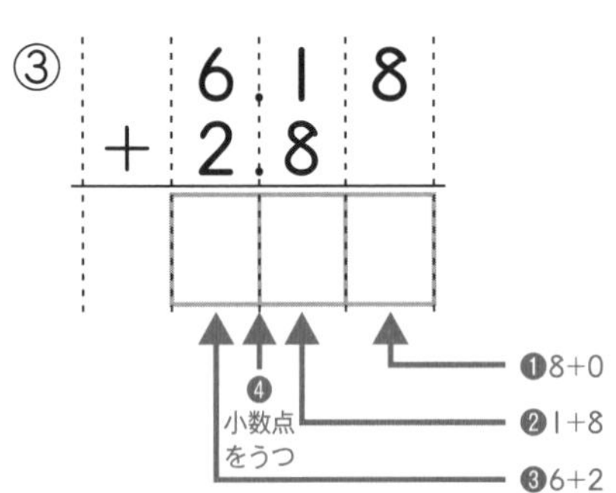
6.1 8
+ 2.8
❹小数点をうつ
❶8+0
❷1+8
❸6+2

④

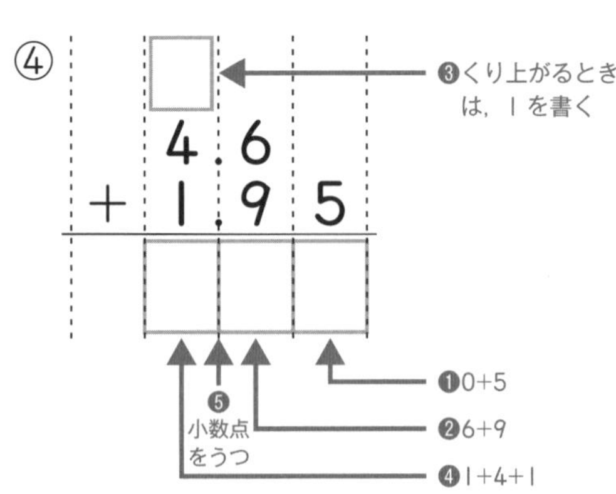
❸くり上がるときは，1 を書く
4.6
+ 1.9 5
❺小数点をうつ
❶0+5
❷6+9
❹1+4+1

⑤

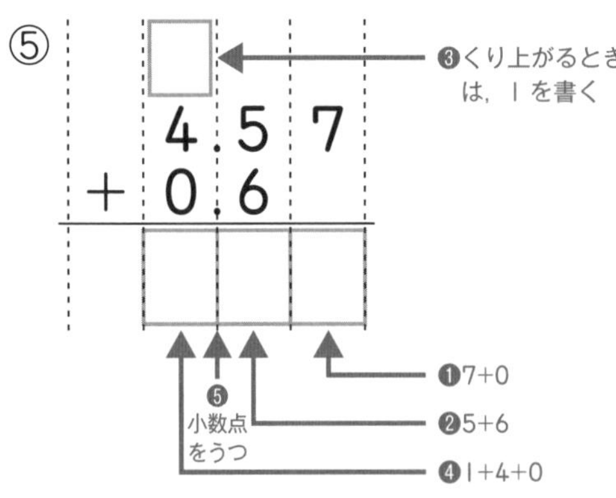
❸くり上がるときは，1 を書く
4.5 7
+ 0.6
❺小数点をうつ
❶7+0
❷5+6
❹1+4+0

⑥

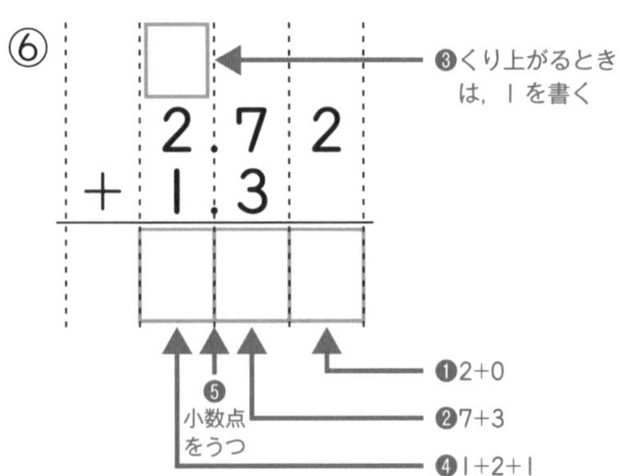
❸くり上がるときは，1 を書く
2.7 2
+ 1.3
❺小数点をうつ
❶2+0
❷7+3
❹1+2+1

ニガテ

勉強した日
月
日

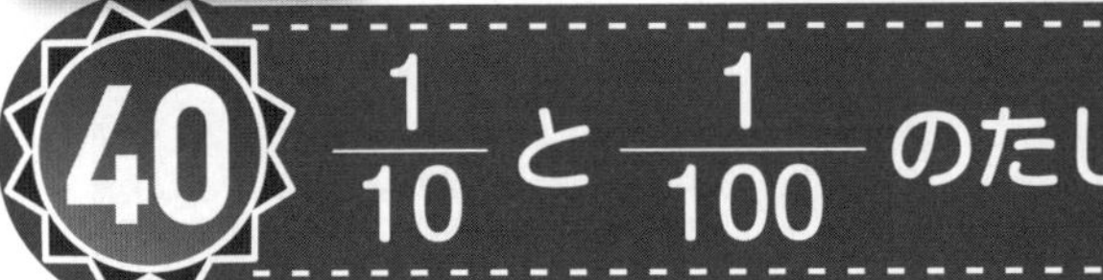

40 $\frac{1}{10}$と$\frac{1}{100}$のたし算

練習

▶▶▶答えはべっさつ８ページ

点数

点

①〜⑩：１問８点　⑪〜⑫：１問10点

たし算をしましょう。

①
$$\begin{array}{r} 2 \\ +\,3.71 \\ \hline \end{array}$$

②
$$\begin{array}{r} 4.8 \\ +\,5.16 \\ \hline \end{array}$$

③
$$\begin{array}{r} 1.4 \\ +\,7.32 \\ \hline \end{array}$$

④
$$\begin{array}{r} 2.54 \\ +\,6.2 \\ \hline \end{array}$$

⑤
$$\begin{array}{r} 1.37 \\ +\,8.6 \\ \hline \end{array}$$

⑥
$$\begin{array}{r} 5.08 \\ +\,2.9 \\ \hline \end{array}$$

⑦
$$\begin{array}{r} 6.4 \\ +\,1.95 \\ \hline \end{array}$$

⑧
$$\begin{array}{r} 2.8 \\ +\,4.73 \\ \hline \end{array}$$

⑨
$$\begin{array}{r} 0.6 \\ +\,7.59 \\ \hline \end{array}$$

⑩
$$\begin{array}{r} 3.61 \\ +\,5.9 \\ \hline \end{array}$$

⑪
$$\begin{array}{r} 1.52 \\ +\,4.7 \\ \hline \end{array}$$

⑫
$$\begin{array}{r} 5.41 \\ +\,3.6 \\ \hline \end{array}$$

勉強した日　　月　　日

41 $\frac{1}{10}$ と $\frac{1}{100}$ のたし算

練習

▶▶▶答えはべっさつ8ページ

点数

点

①～⑩：1問8点　⑪～⑫：1問10点

たし算をしましょう。

①

$$\begin{array}{r} 5.1 \\ +\,2.73 \\ \hline \end{array}$$

②

$$\begin{array}{r} 4.3 \\ +\,1.58 \\ \hline \end{array}$$

③

$$\begin{array}{r} 0.6 \\ +\,9.25 \\ \hline \end{array}$$

④

$$\begin{array}{r} 1.84 \\ +\,7.1 \\ \hline \end{array}$$

⑤

$$\begin{array}{r} 3.26 \\ +\,4.1 \\ \hline \end{array}$$

⑥

$$\begin{array}{r} 2.47 \\ +\,3.6 \\ \hline \end{array}$$

⑦

$$\begin{array}{r} 6.2 \\ +\,1.82 \\ \hline \end{array}$$

⑧

$$\begin{array}{r} 2.9 \\ +\,4.81 \\ \hline \end{array}$$

⑨

$$\begin{array}{r} 1.7 \\ +\,5.69 \\ \hline \end{array}$$

⑩

$$\begin{array}{r} 2.94 \\ +\,3.5 \\ \hline \end{array}$$

⑪

$$\begin{array}{r} 3.76 \\ +\,1.4 \\ \hline \end{array}$$

⑫

$$\begin{array}{r} 4.37 \\ +\,4.9 \\ \hline \end{array}$$

勉強した日　　月　　日

42 $\frac{1}{10}$と$\frac{1}{100}$のたし算のまとめ

にがした魚は大きい！？

▶▶▶答えはべっさつ8ページ

つりざおについている計算と同じ答えの数字の魚がつれました。1ぴきだけつれなかった魚はどれかな？

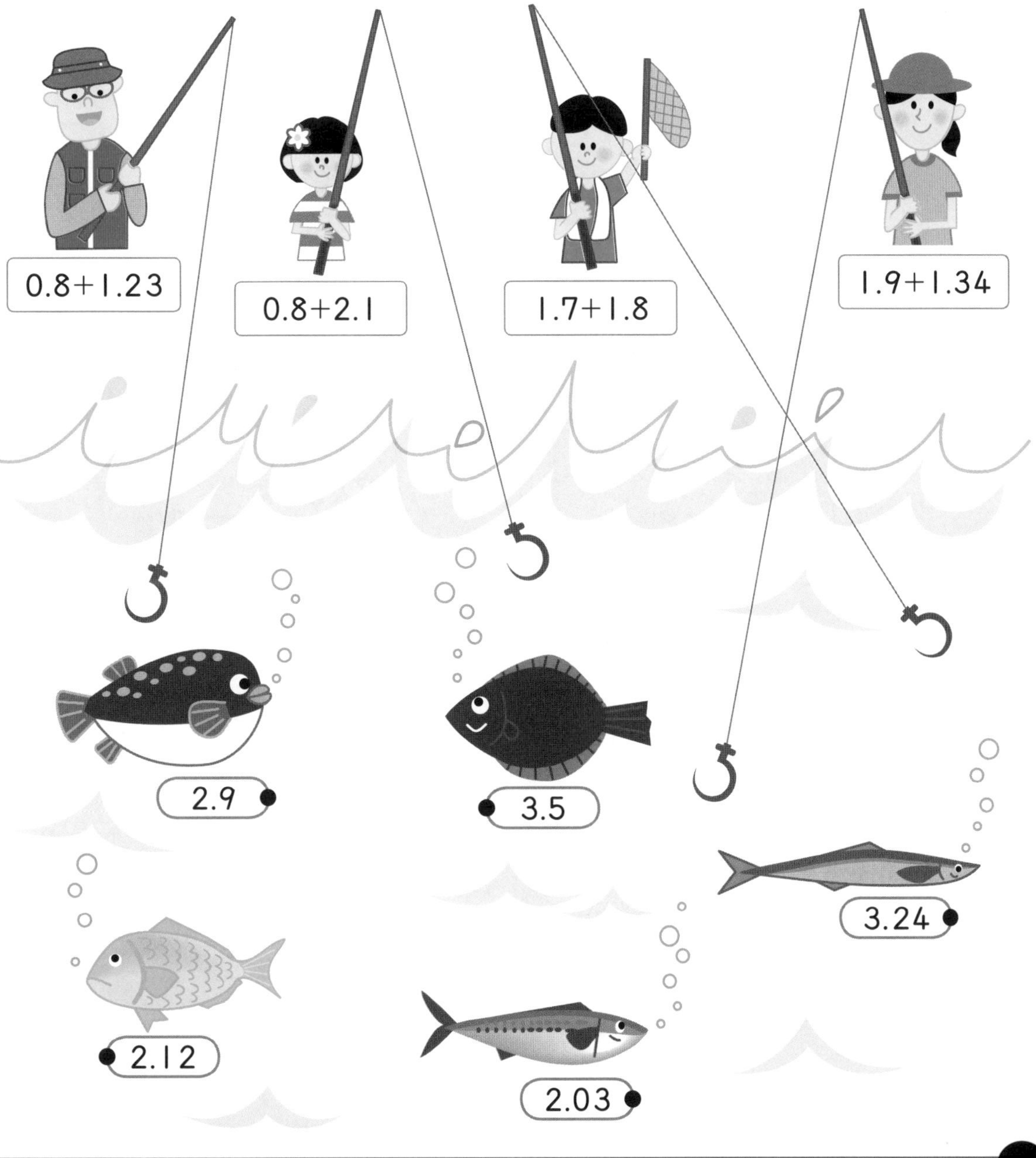

0.8+1.23

0.8+2.1

1.7+1.8

1.9+1.34

2.9

3.5

3.24

2.12

2.03

勉強した日

月
日

43

$\frac{1}{100}$ と $\frac{1}{100}$ のひき算

りかい

答えはべっさつ９ページ

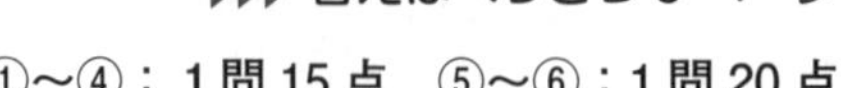

①～④：１問15点　⑤～⑥：１問20点

点数
点

ひき算をしましょう。

① 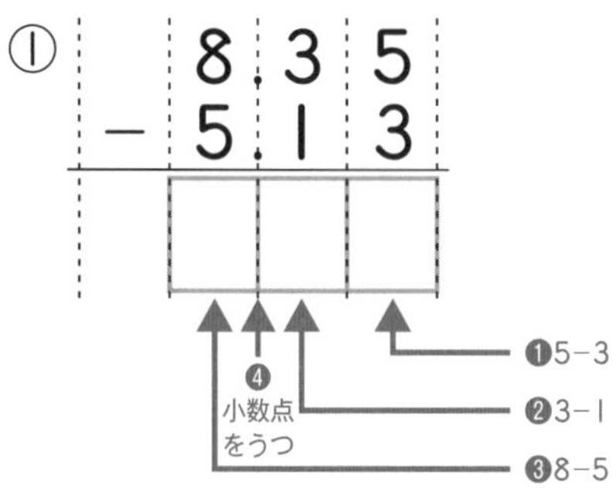

8.35
－5.13
❶5−3
❷3−1
❸8−5
❹小数点をうつ

② 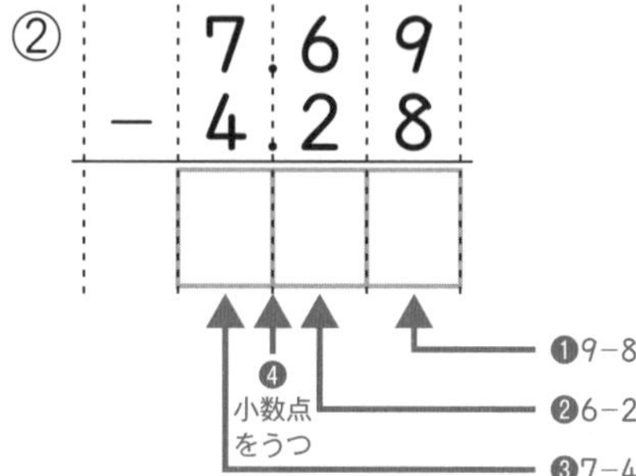

7.69
－4.28
❶9−8
❷6−2
❸7−4
❹小数点をうつ

③ 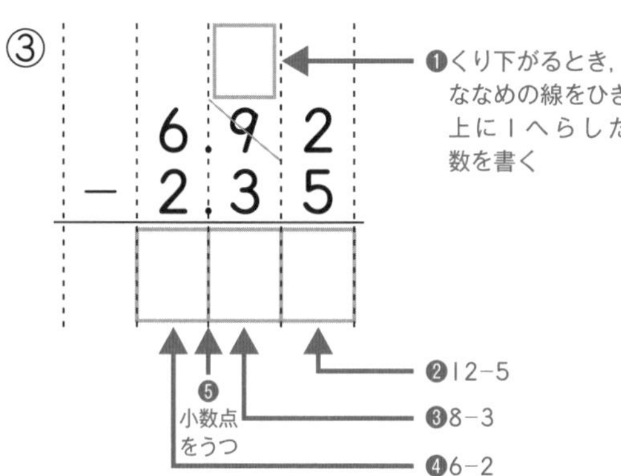

6.92
－2.35
❶くり下がるとき，ななめの線をひき，上に１へらした数を書く
❷12−5
❸8−3
❹6−2
❺小数点をうつ

④ 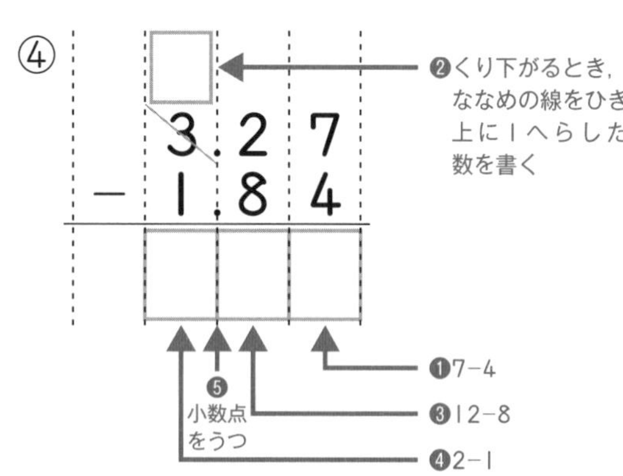

3.27
－1.84
❷くり下がるとき，ななめの線をひき，上に１へらした数を書く
❶7−4
❸12−8
❹2−1
❺小数点をうつ

⑤ 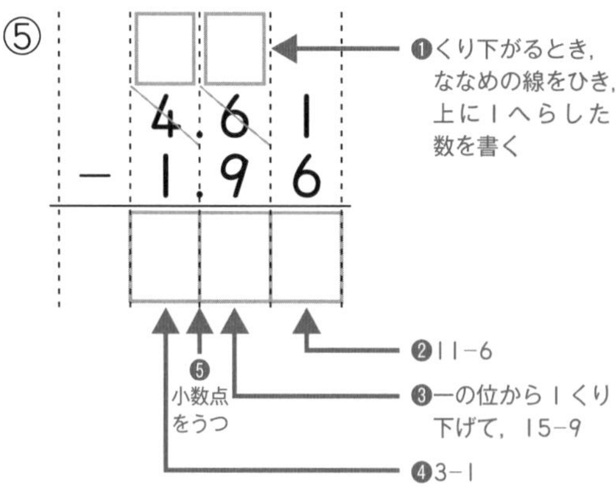

4.61
－1.96
❶くり下がるとき，ななめの線をひき，上に１へらした数を書く
❷11−6
❸一の位から１くり下げて，15−9
❹3−1
❺小数点をうつ

⑥ 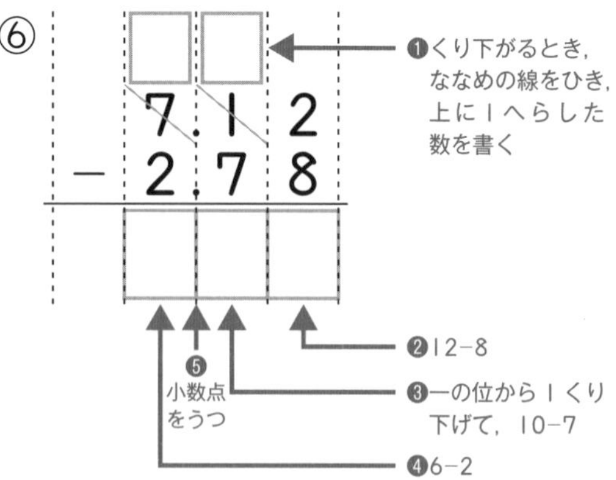

7.12
－2.78
❶くり下がるとき，ななめの線をひき，上に１へらした数を書く
❷12−8
❸一の位から１くり下げて，10−7
❹6−2
❺小数点をうつ

勉強した日
月
日

44

$\frac{1}{100}$と$\frac{1}{100}$のひき算

練習

▶▶▶答えはべっさつ9ページ

点数

点

①〜⑩：1問8点　⑪〜⑫：1問10点

ひき算をしましょう。

① $7.48 - 6.13$

② $6.39 - 2.35$

③ $3.57 - 1.46$

④ $4.91 - 3.52$

⑤ $5.82 - 4.69$

⑥ $8.63 - 5.27$

⑦ $9.26 - 7.81$

⑧ $2.74 - 0.92$

⑨ $6.15 - 3.74$

⑩ $4.37 - 1.39$

⑪ $7.41 - 2.65$

⑫ $8.53 - 4.86$

勉強した日
月
日

45

$\frac{1}{100}$ と $\frac{1}{100}$ のひき算

練習

▶▶▶答えはべっさつ9ページ

点数

点

①～⑩：1問8点　⑪～⑫：1問10点

ひき算をしましょう。

① $\begin{array}{r} 3.48 \\ -\ 1.26 \\ \hline \end{array}$

② $\begin{array}{r} 6.27 \\ -\ 4.15 \\ \hline \end{array}$

③ $\begin{array}{r} 4.93 \\ -\ 3.72 \\ \hline \end{array}$

④ $\begin{array}{r} 8.71 \\ -\ 5.38 \\ \hline \end{array}$

⑤ $\begin{array}{r} 7.64 \\ -\ 2.57 \\ \hline \end{array}$

⑥ $\begin{array}{r} 9.82 \\ -\ 7.64 \\ \hline \end{array}$

⑦ $\begin{array}{r} 2.36 \\ -\ 1.83 \\ \hline \end{array}$

⑧ $\begin{array}{r} 5.59 \\ -\ 3.91 \\ \hline \end{array}$

⑨ $\begin{array}{r} 8.15 \\ -\ 6.42 \\ \hline \end{array}$

⑩ $\begin{array}{r} 6.42 \\ -\ 2.79 \\ \hline \end{array}$

⑪ $\begin{array}{r} 9.73 \\ -\ 3.85 \\ \hline \end{array}$

⑫ $\begin{array}{r} 7.24 \\ -\ 4.68 \\ \hline \end{array}$

勉強した日
月
日

46

$\frac{1}{100}$ と $\frac{1}{100}$ のひき算

練習

▶▶▶答えはべっさつ９ページ

点数

点

①〜⑩：１問８点　⑪〜⑫：１問10点

ひき算をしましょう。

①
$$\begin{array}{r} 4.95 \\ -\ 2.71 \\ \hline \end{array}$$

②
$$\begin{array}{r} 8.47 \\ -\ 6.34 \\ \hline \end{array}$$

③
$$\begin{array}{r} 5.83 \\ -\ 3.52 \\ \hline \end{array}$$

④
$$\begin{array}{r} 6.71 \\ -\ 5.26 \\ \hline \end{array}$$

⑤
$$\begin{array}{r} 2.64 \\ -\ 1.48 \\ \hline \end{array}$$

⑥
$$\begin{array}{r} 7.52 \\ -\ 4.19 \\ \hline \end{array}$$

⑦
$$\begin{array}{r} 9.28 \\ -\ 7.65 \\ \hline \end{array}$$

⑧
$$\begin{array}{r} 3.19 \\ -\ 0.87 \\ \hline \end{array}$$

⑨
$$\begin{array}{r} 4.36 \\ -\ 1.93 \\ \hline \end{array}$$

⑩
$$\begin{array}{r} 7.68 \\ -\ 3.79 \\ \hline \end{array}$$

⑪
$$\begin{array}{r} 6.41 \\ -\ 4.85 \\ \hline \end{array}$$

⑫
$$\begin{array}{r} 9.23 \\ -\ 2.54 \\ \hline \end{array}$$

ニガテ

勉強した日　月　日

47

$\frac{1}{10}$と$\frac{1}{100}$のひき算

りかい

答えはべっさつ9ページ

点数
点

①～④：1問15点　⑤～⑥：1問20点

ひき算をしましょう。

①

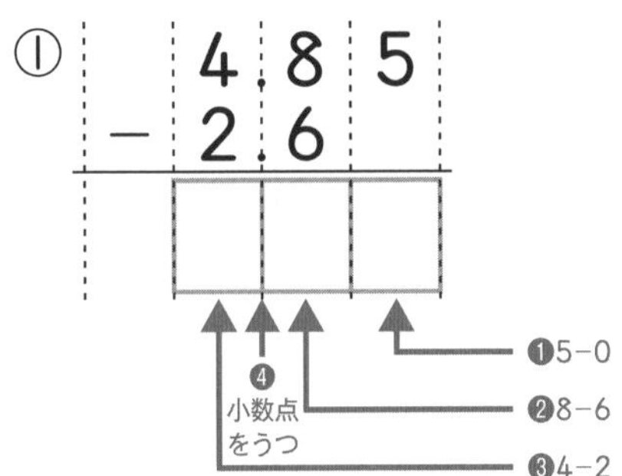

4.85
−2.6
❹小数点をうつ
❶5−0
❷8−6
❸4−2

②

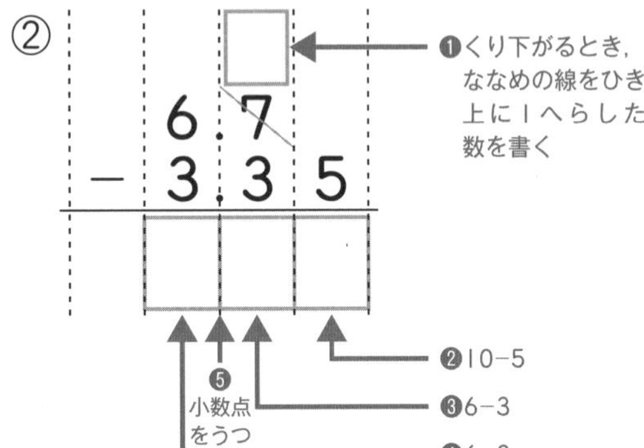

6.7
−3.35
❶くり下がるとき，ななめの線をひき，上に1へらした数を書く
❺小数点をうつ
❷10−5
❸6−3
❹6−3

③

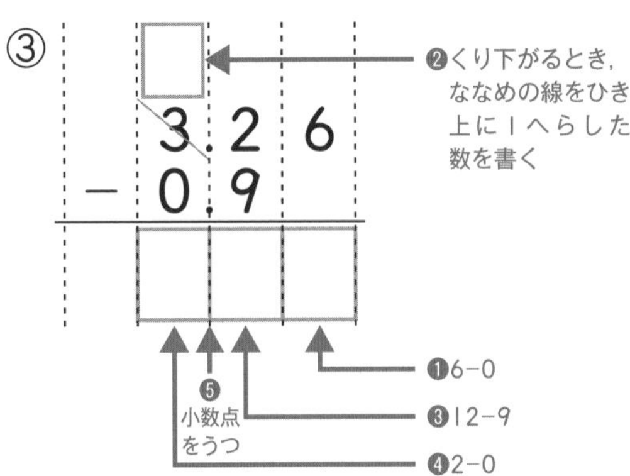

3.26
−0.9
❷くり下がるとき，ななめの線をひき，上に1へらした数を書く
❺小数点をうつ
❶6−0
❸12−9
❹2−0

④

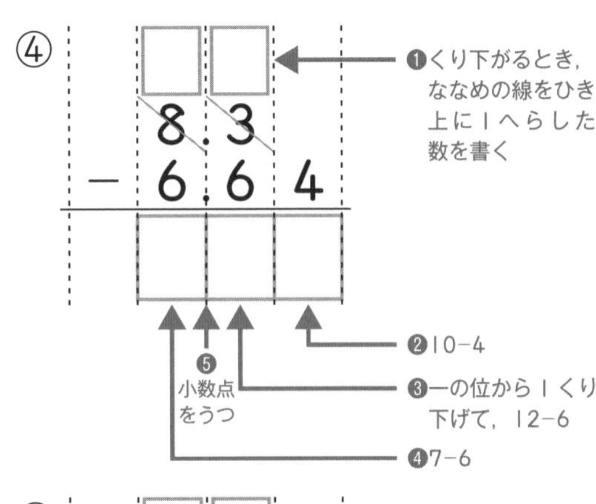

8.3
−6.64
❶くり下がるとき，ななめの線をひき，上に1へらした数を書く
❺小数点をうつ
❷10−4
❸一の位から1くり下げて，12−6
❹7−6

⑤

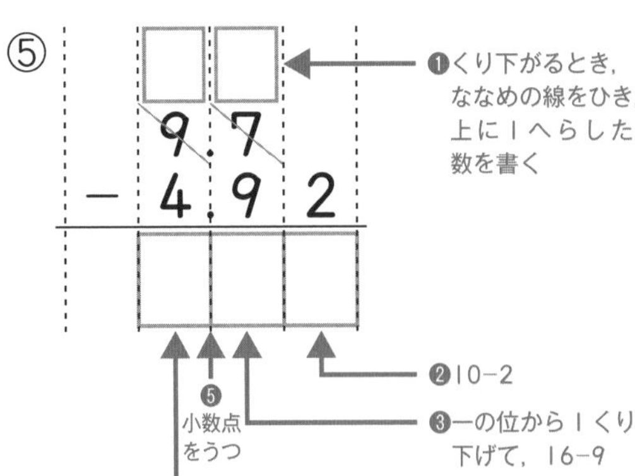

9.7
−4.92
❶くり下がるとき，ななめの線をひき，上に1へらした数を書く
❺小数点をうつ
❷10−2
❸一の位から1くり下げて，16−9
❹8−4

⑥

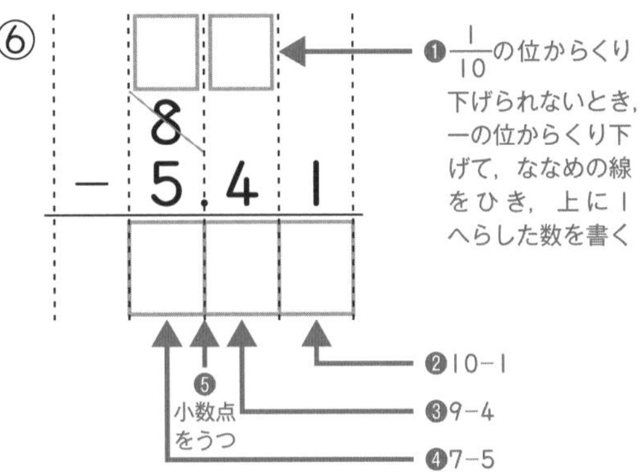

8
−5.41
❶$\frac{1}{10}$の位からくり下げられないとき，一の位からくり下げて，ななめの線をひき，上に1へらした数を書く
❺小数点をうつ
❷10−1
❸9−4
❹7−5

ニガテ

勉強した日
月
日

48

$\frac{1}{10}$と$\frac{1}{100}$のひき算

練習

▶▶▶答えはべっさつ９ページ

点数

点

①〜⑩：１問８点　⑪〜⑫：１問10点

ひき算をしましょう。

①
$$\begin{array}{r} 3.91 \\ -\,1.6 \\ \hline \end{array}$$

②
$$\begin{array}{r} 4.68 \\ -\,3.2 \\ \hline \end{array}$$

③
$$\begin{array}{r} 2.5 \\ -\,0.19 \\ \hline \end{array}$$

④
$$\begin{array}{r} 9.8 \\ -\,5.43 \\ \hline \end{array}$$

⑤
$$\begin{array}{r} 6.7 \\ -\,2.51 \\ \hline \end{array}$$

⑥
$$\begin{array}{r} 8.24 \\ -\,6.8 \\ \hline \end{array}$$

⑦
$$\begin{array}{r} 5.16 \\ -\,2.7 \\ \hline \end{array}$$

⑧
$$\begin{array}{r} 7.05 \\ -\,3.1 \\ \hline \end{array}$$

⑨
$$\begin{array}{r} 4.1 \\ -\,1.37 \\ \hline \end{array}$$

⑩
$$\begin{array}{r} 8.6 \\ -\,7.95 \\ \hline \end{array}$$

⑪
$$\begin{array}{r} 9.4 \\ -\,2.68 \\ \hline \end{array}$$

⑫
$$\begin{array}{r} 7 \\ -\,4.39 \\ \hline \end{array}$$

ニガテ

勉強した日
月
日

49
$\frac{1}{10}$と$\frac{1}{100}$のひき算

練習

▶▶▶答えはべっさつ10ページ

点数

点

①～⑩：1問8点　⑪～⑫：1問10点

ひき算をしましょう。

①
$$\begin{array}{r} 4.91 \\ -\ 2.7 \\ \hline \end{array}$$

②
$$\begin{array}{r} 3.82 \\ -\ 1.6 \\ \hline \end{array}$$

③
$$\begin{array}{r} 7.43 \\ -\ 5.3 \\ \hline \end{array}$$

④
$$\begin{array}{r} 8.6 \\ -\ 4.37 \\ \hline \end{array}$$

⑤
$$\begin{array}{r} 6.7 \\ -\ 3.14 \\ \hline \end{array}$$

⑥
$$\begin{array}{r} 5.2 \\ -\ 2.02 \\ \hline \end{array}$$

⑦
$$\begin{array}{r} 9.56 \\ -\ 7.9 \\ \hline \end{array}$$

⑧
$$\begin{array}{r} 2.37 \\ -\ 0.4 \\ \hline \end{array}$$

⑨
$$\begin{array}{r} 7.14 \\ -\ 4.8 \\ \hline \end{array}$$

⑩
$$\begin{array}{r} 9.4 \\ -\ 5.79 \\ \hline \end{array}$$

⑪
$$\begin{array}{r} 4.3 \\ -\ 1.65 \\ \hline \end{array}$$

⑫
$$\begin{array}{r} 7.5 \\ -\ 2.96 \\ \hline \end{array}$$

50

$\frac{1}{10}$と$\frac{1}{100}$のひき算のまとめ

どっちの車にのろうかな？

▶▶▶答えはべっさつ10ページ

スタートの数字から，木の数字をひいていこう。
さいごの数字が大きいほうの車がはやく走るよ。

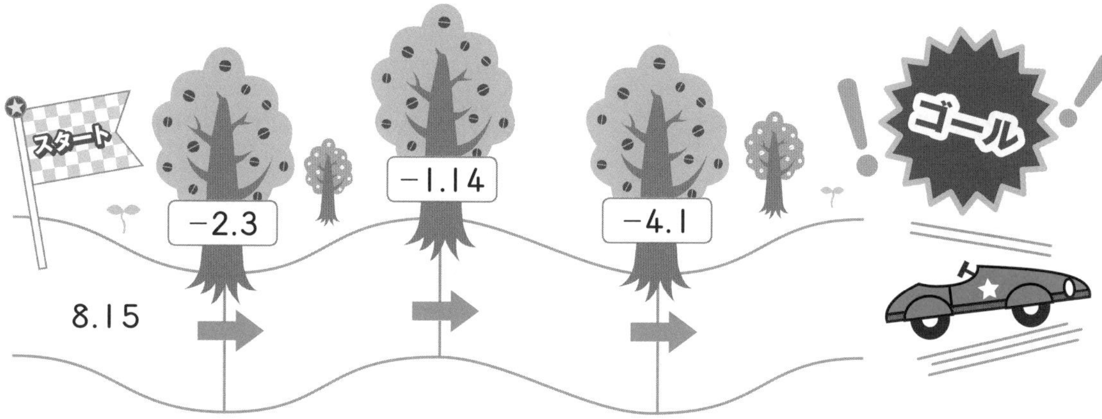

スタート

8.15 → −2.3 → −1.14 → −4.1 → ゴール

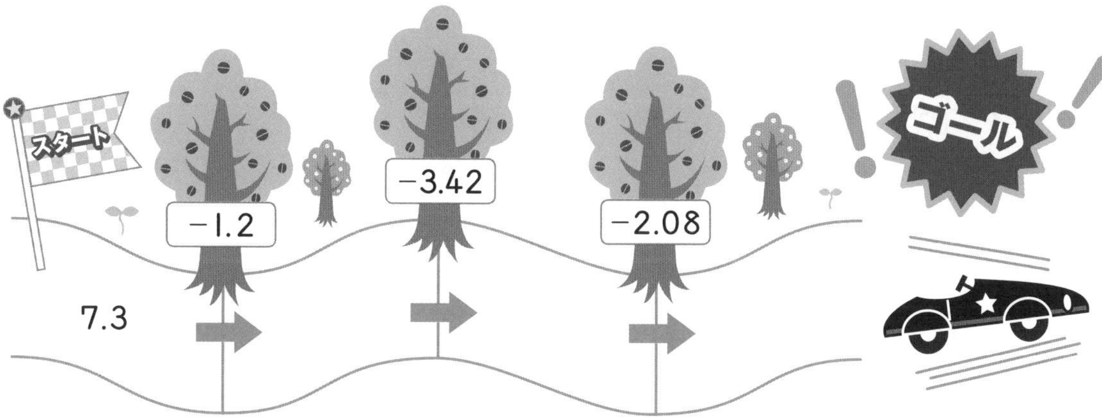

スタート

7.3 → −1.2 → −3.42 → −2.08 → ゴール

勉強した日
月
日

51 $\frac{1}{10}$ に整数をかける計算①

りかい

答えはべっさつ 10 ページ

①〜⑥：1 問 12 点　⑦〜⑧：1 問 14 点

点数
点

かけ算をしましょう。

① 0.3 × 6 = □
（10倍　10倍　$\frac{1}{10}$倍）
3 × 6 = 18

② 0.3 × 7 = □
（10倍　10倍　$\frac{1}{10}$倍）
3 × 7 = 21

③ 0.8 × 9 = □
（10倍　10倍　$\frac{1}{10}$倍）
8 × 9 = 72

④ 0.9 × 9 = □
（10倍　10倍　$\frac{1}{10}$倍）
9 × 9 = 81

⑤ 1.2 × 4 = □
（10倍　10倍　$\frac{1}{10}$倍）
12 × 4 = 48

⑥ 2.3 × 3 = □
（10倍　10倍　$\frac{1}{10}$倍）
23 × 3 = 69

⑦ 1.3 × 6 = □
（10倍　10倍　$\frac{1}{10}$倍）
13 × 6 = 78

⑧ 3.2 × 4 = □
（10倍　10倍　$\frac{1}{10}$倍）
32 × 4 = 128

勉強した日
月
日

52

$\frac{1}{10}$ に整数をかける計算①

練習

答えはべっさつ 10 ページ

点数

1問5点

点

かけ算をしましょう。

①0.7×8

②0.4×9

③0.6×5

④1.3×3

⑤3.3×2

⑥2.1×4

⑦1.6×4

⑧2.8×3

⑨1.8×5

⑩3.9×2

⑪4.2×4

⑫6.1×8

⑬7.3×3

⑭1.9×8

⑮2.8×4

⑯3.7×3

⑰3.9×6

⑱2.4×9

⑲7.3×7

⑳0.3×12

53 $\frac{1}{10}$ に整数をかける計算②

りかい

答えはべっさつ 10 ページ

点数
点

1 問 25 点

かけ算をしましょう。

① 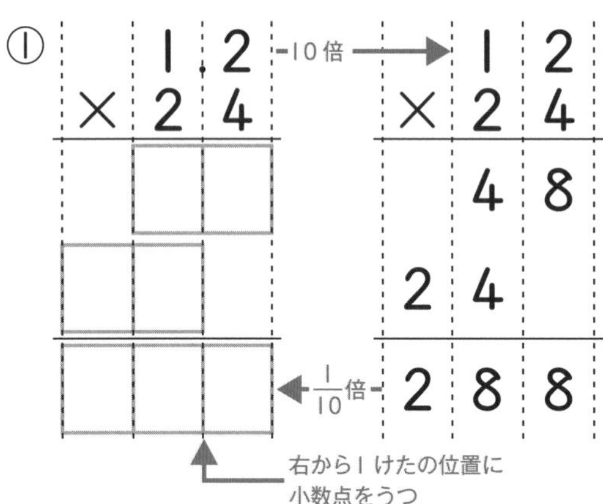
1.2
×24
10倍
12
×24
48
24
288
$\frac{1}{10}$倍
右から1けたの位置に
小数点をうつ

② 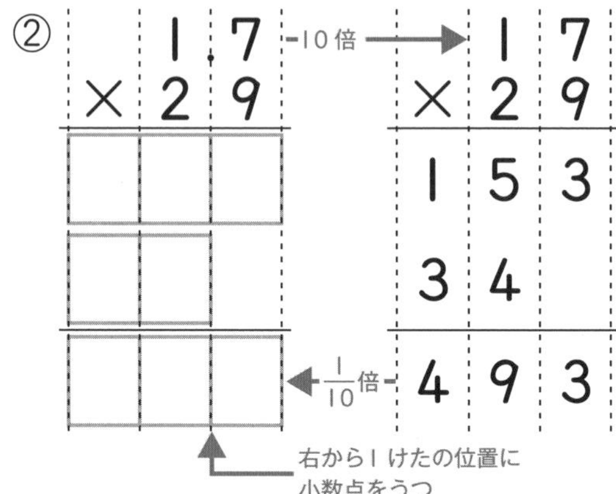
1.7
×29
10倍
17
×29
153
34
493
$\frac{1}{10}$倍
右から1けたの位置に
小数点をうつ

③ 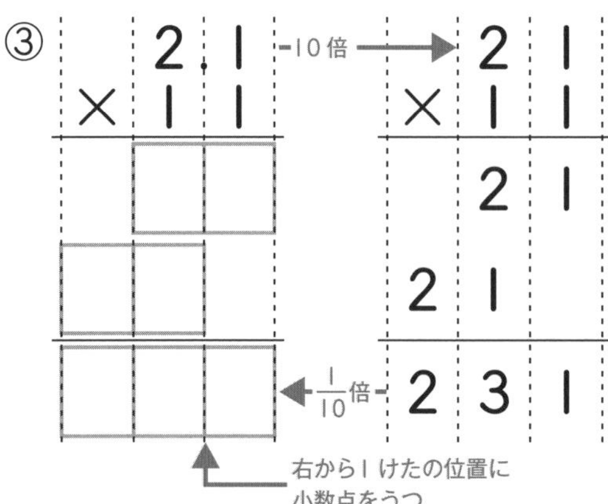
2.1
×11
10倍
21
×11
21
21
231
$\frac{1}{10}$倍
右から1けたの位置に
小数点をうつ

④ 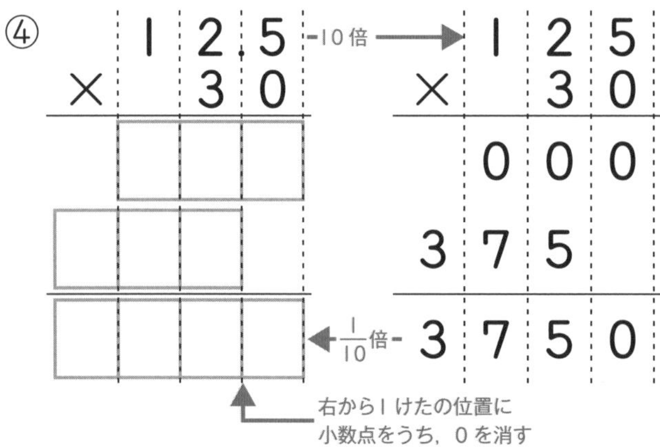
12.5
×30
10倍
125
×30
000
375
3750
$\frac{1}{10}$倍
右から1けたの位置に
小数点をうち，0を消す

勉強した日
月
日

54

$\frac{1}{10}$に整数をかける計算②

練習

▶▶▶答えはべっさつ10ページ

点数

点

①〜⑩：1問8点　⑪〜⑫：1問10点

かけ算をしましょう。

① 1.1×34

② 2.1×42

③ 1.3×26

④ 4.6×12

⑤ 1.4×67

⑥ 2.8×32

⑦ 3.2×30

⑧ 2.4×40

⑨ 6.4×13

⑩ 3.7×28

⑪ 4.9×26

⑫ 7.3×58

勉強した日
月
日

55

あまりのない，$\frac{1}{10}$ を整数でわる計算

りかい

答えはべっさつ 10 ページ

1 問 25 点

点数
点

わり算をしましょう。

①

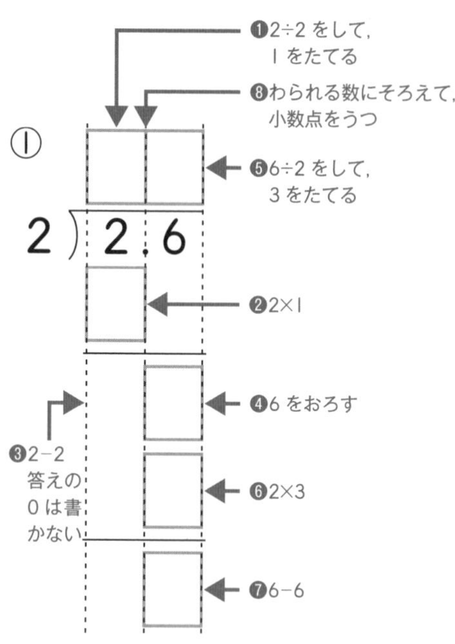
❶2÷2 をして，1 をたてる
❽わられる数にそろえて，小数点をうつ
❺6÷2 をして，3 をたてる
2）2.6
❷2×1
❹6 をおろす
❸2−2 答えの 0 は書かない
❻2×3
❼6−6

②

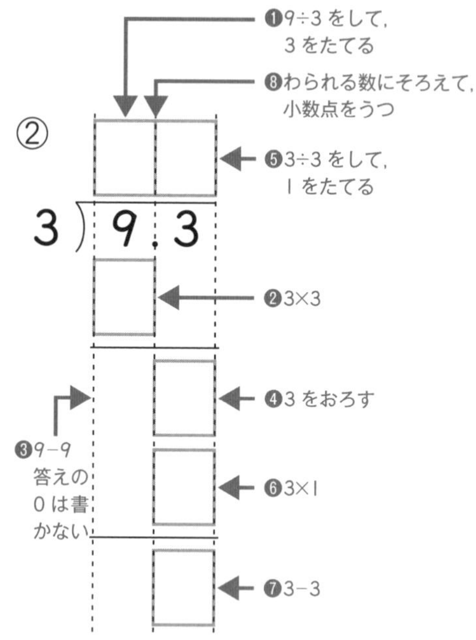
❶9÷3 をして，3 をたてる
❽わられる数にそろえて，小数点をうつ
❺3÷3 をして，1 をたてる
3）9.3
❷3×3
❹3 をおろす
❸9−9 答えの 0 は書かない
❻3×1
❼3−3

③

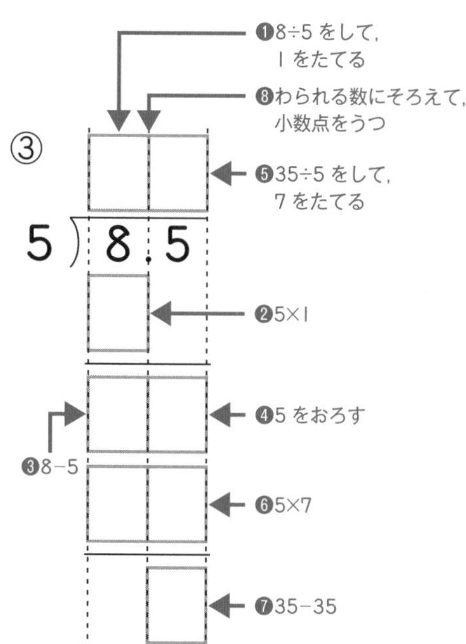
❶8÷5 をして，1 をたてる
❽わられる数にそろえて，小数点をうつ
❺35÷5 をして，7 をたてる
5）8.5
❷5×1
❹5 をおろす
❸8−5
❻5×7
❼35−35

④

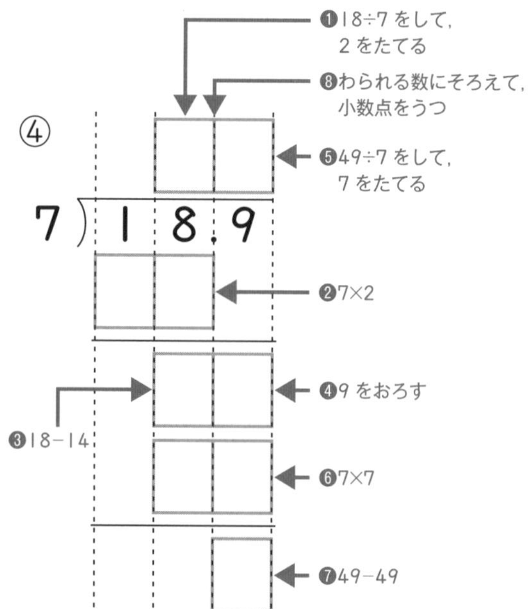
❶18÷7 をして，2 をたてる
❽わられる数にそろえて，小数点をうつ
❺49÷7 をして，7 をたてる
7）18.9
❷7×2
❹9 をおろす
❸18−14
❻7×7
❼49−49

勉強した日
月
日

56

あまりのない，$\frac{1}{10}$を整数でわる計算

練習

▶▶▶答えはべっさつ 11 ページ

点数
点

①～⑧：1問8点　⑨～⑫：1問9点

わり算をしましょう。

① $3\overline{)\,6.3}$

② $8\overline{)\,8.8}$

③ $2\overline{)\,6.4}$

④ $7\overline{)\,8.4}$

⑤ $4\overline{)\,9.6}$

⑥ $3\overline{)\,8.7}$

⑦ $6\overline{)\,9.6}$

⑧ $2\overline{)\,7.8}$

⑨ $5\overline{)\,7.5}$

⑩ $4\overline{)\,5.6}$

⑪ $8\overline{)\,34.4}$

⑫ $9\overline{)\,47.7}$

57 あまりのない，$\frac{1}{10}$を整数でわる計算

▶▶▶答えはべっさつ11ページ

点数　　点

①～⑧：1問8点　⑨～⑫：1問9点

わり算をしましょう。

① $7\overline{)7.7}$

② $4\overline{)4.8}$

③ $2\overline{)8.6}$

④ $7\overline{)9.1}$

⑤ $4\overline{)7.6}$

⑥ $3\overline{)8.4}$

⑦ $6\overline{)7.2}$

⑧ $2\overline{)9.4}$

⑨ $5\overline{)9.5}$

⑩ $3\overline{)5.4}$

⑪ $8\overline{)17.6}$

⑫ $9\overline{)28.8}$

勉強した日
月
日

58

あまりのない，$\frac{1}{10}$を整数でわる計算

練習

▶▶▶答えはべっさつ11ページ

①～⑧：1問8点　⑨～⑫：1問9点

点数
点

わり算をしましょう。

① $3\overline{)\,3.9}$

② $9\overline{)\,9.9}$

③ $2\overline{)\,2.8}$

④ $5\overline{)\,6.5}$

⑤ $4\overline{)\,7.2}$

⑥ $8\overline{)\,9.6}$

⑦ $6\overline{)\,8.4}$

⑧ $2\overline{)\,7.4}$

⑨ $3\overline{)\,7.5}$

⑩ $4\overline{)\,5.6}$

⑪ $6\overline{)\,46.8}$

⑫ $7\overline{)\,27.3}$

59 あまりのある, $\frac{1}{10}$ を整数でわる計算

りかい

答えはべっさつ 11 ページ

点数
点

1問 25 点

わり算をして, 商を一の位までもとめ, あまりも出しましょう。

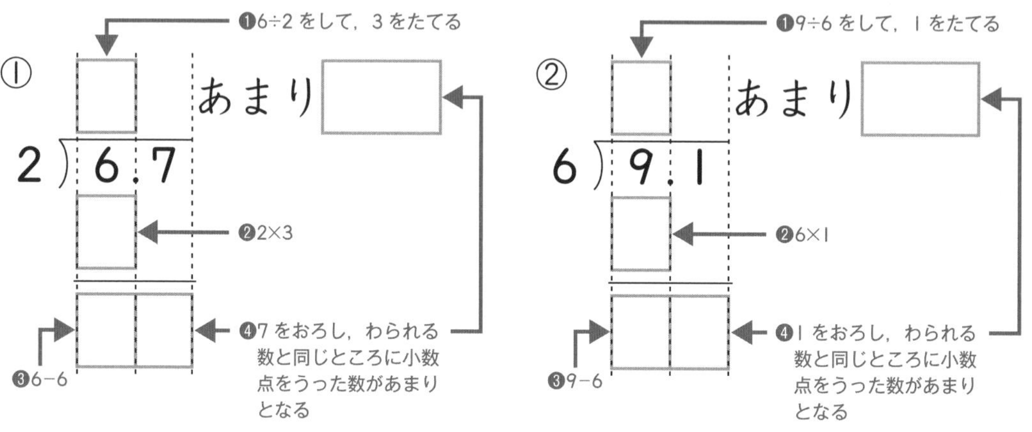
①
2) 6.7
あまり
❶6÷2 をして, 3 をたてる
❷2×3
❸6−6
❹7 をおろし, わられる数と同じところに小数点をうった数があまりとなる
②
6) 9.1
あまり
❶9÷6 をして, 1 をたてる
❷6×1
❸9−6
❹1 をおろし, わられる数と同じところに小数点をうった数があまりとなる

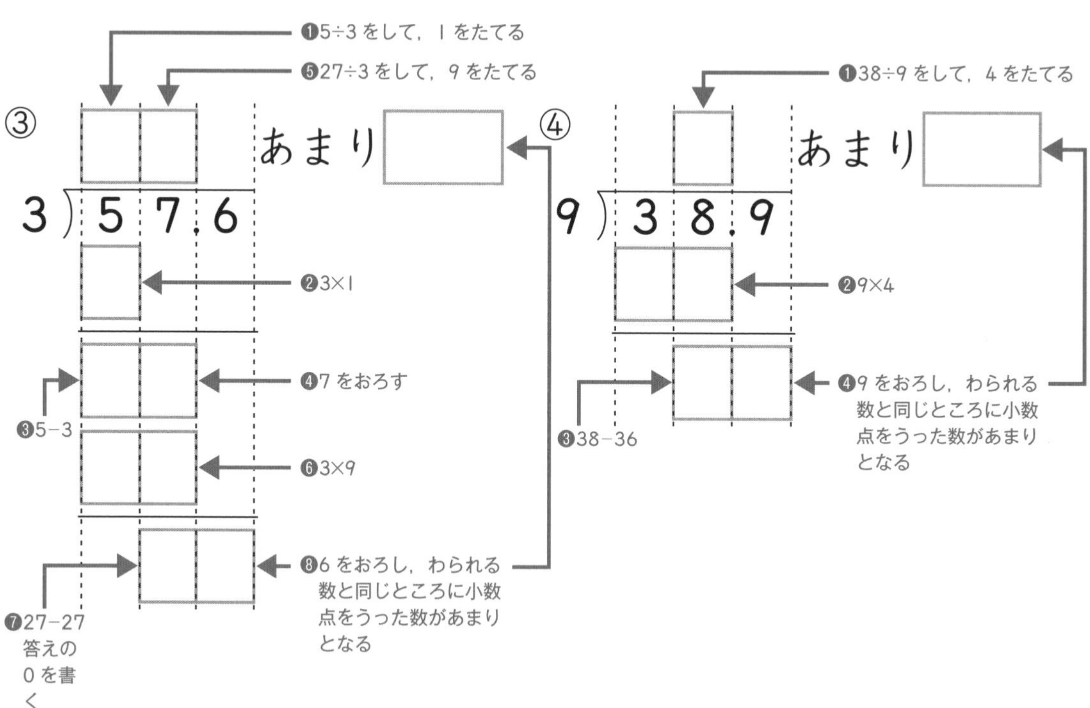
③
3) 57.6
あまり
❶5÷3 をして, 1 をたてる
❺27÷3 をして, 9 をたてる
❷3×1
❸5−3
❹7 をおろす
❻3×9
❼27−27 答えの 0 を書く
❽6 をおろし, わられる数と同じところに小数点をうった数があまりとなる
④
9) 38.9
あまり
❶38÷9 をして, 4 をたてる
❷9×4
❸38−36
❹9 をおろし, わられる数と同じところに小数点をうった数があまりとなる

勉強した日
月
日

60

あまりのある，$\frac{1}{10}$を整数でわる計算

練習

▶▶▶答えはべっさつ11ページ

点数
点

①～⑧：1問8点　⑨～⑫：1問9点

わり算をして，商を一の位までもとめ，あまりも出しましょう。

① 7）7.8

② 2）8.3

③ 3）9.5

④ 4）5.4

⑤ 5）6.8

⑥ 8）9.7

⑦ 3）7.6

⑧ 6）9.4

⑨ 4）7.1

⑩ 8）27.8

⑪ 6）38.3

⑫ 7）41.1

勉強した日

月
日

61

あまりのある，$\frac{1}{10}$を整数でわる計算

練習

▶▶▶答えはべっさつ11ページ
①〜⑧：1問8点　⑨〜⑫：1問9点

点数
点

わり算をして，商を一の位までもとめ，あまりも出しましょう。

① $4\overline{)4.9}$

② $6\overline{)6.9}$

③ $2\overline{)4.7}$

④ $3\overline{)4.6}$

⑤ $7\overline{)9.9}$

⑥ $5\overline{)8.4}$

⑦ $4\overline{)9.5}$

⑧ $2\overline{)7.1}$

⑨ $6\overline{)8.2}$

⑩ $9\overline{)48.7}$

⑪ $8\overline{)46.9}$

⑫ $6\overline{)52.1}$

勉強した日  月 日

あまりのある，$\frac{1}{10}$を整数でわる計算

▶▶▶ 答えはべっさつ 11 ページ

①～⑧：1問8点　⑨～⑫：1問9点

わり算をして，商を一の位までもとめ，あまりも出しましょう。

① 3)3.8

② 5)5.6

③ 4)8.7

④ 8)9.9

⑤ 7)9.4

⑥ 2)5.9

⑦ 6)8.9

⑧ 5)9.2

⑨ 4)9.1

⑩ 6)27.5

⑪ 7)31.7

⑫ 8)51.1

勉強した日
月
日

63

わり進む，$\frac{1}{10}$ を整数でわる計算

りかい

答えはべっさつ 12 ページ

点数
点

1 問 25 点

わりきれるまで計算をしましょう。

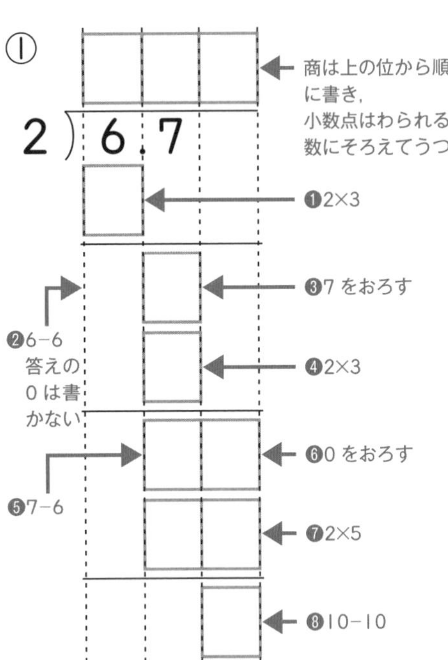
①
2)6.7
商は上の位から順に書き，小数点はわられる数にそろえてうつ
❶2×3
❷6−6 答えの 0 は書かない
❸7 をおろす
❹2×3
❺7−6
❻0 をおろす
❼2×5
❽10−10

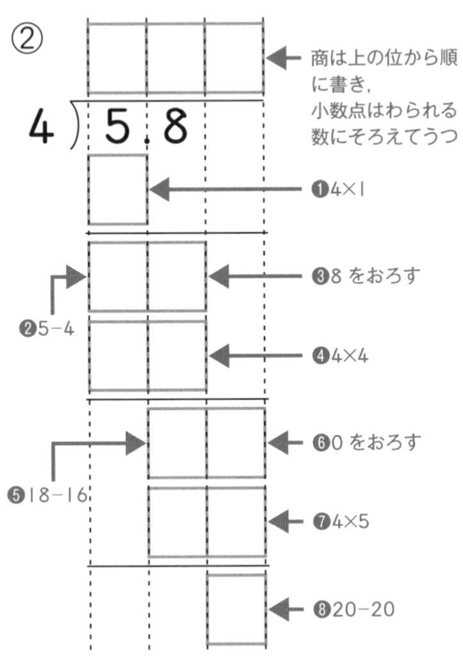
②
4)5.8
商は上の位から順に書き，小数点はわられる数にそろえてうつ
❶4×1
❷5−4
❸8 をおろす
❹4×4
❺18−16
❻0 をおろす
❼4×5
❽20−20

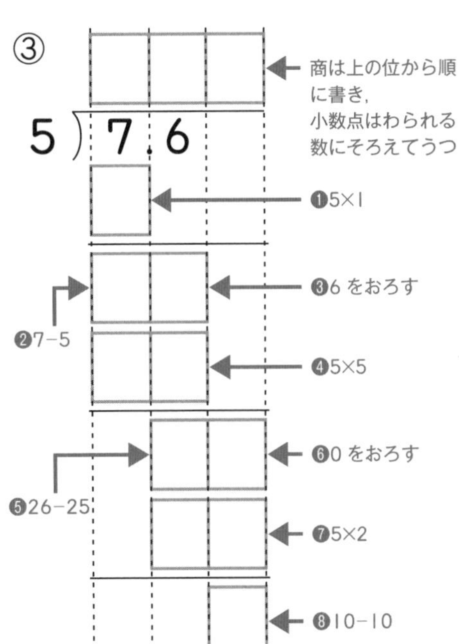
③
5)7.6
商は上の位から順に書き，小数点はわられる数にそろえてうつ
❶5×1
❷7−5
❸6 をおろす
❹5×5
❺26−25
❻0 をおろす
❼5×2
❽10−10

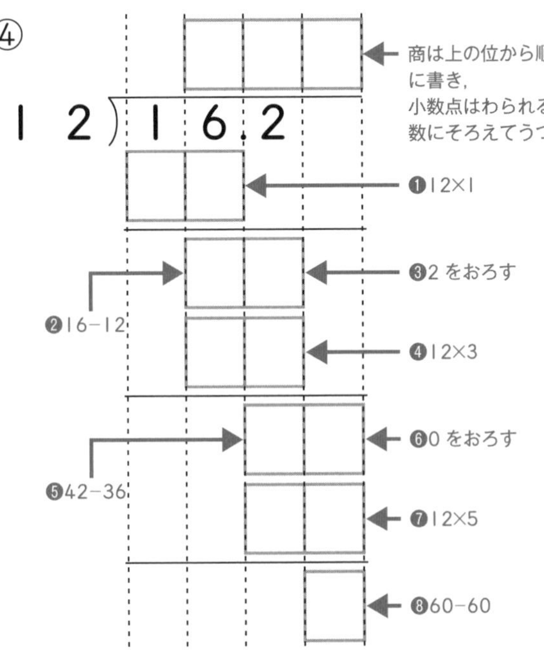
④
12)16.2
商は上の位から順に書き，小数点はわられる数にそろえてうつ
❶12×1
❷16−12
❸2 をおろす
❹12×3
❺42−36
❻0 をおろす
❼12×5
❽60−60

勉強した日
月
日

64

わり進む，$\frac{1}{10}$ を整数でわる計算

練習

▶▶▶答えはべっさつ 12 ページ

点数
点

①～⑧：1問8点　⑨～⑫：1問9点

わりきれるまで計算をしましょう。

① $5\overline{)5.9}$

② $2\overline{)4.9}$

③ $4\overline{)7.4}$

④ $6\overline{)9.3}$

⑤ $5\overline{)8.2}$

⑥ $2\overline{)7.3}$

⑦ $6\overline{)4.5}$

⑧ $6\overline{)8.1}$

⑨ $4\overline{)25.8}$

⑩ $6\overline{)29.1}$

⑪ $16\overline{)18.4}$

⑫ $14\overline{)32.9}$

勉強した日
月
日

65

わり進む，$\frac{1}{10}$ を整数でわる計算

練習

▶▶▶答えはべっさつ 12 ページ

①～⑧：1問8点　⑨～⑫：1問9点

点数
点

わりきれるまで計算をしましょう。

① $4\overline{)8.6}$

② $6\overline{)6.9}$

③ $5\overline{)7.3}$

④ $2\overline{)7.7}$

⑤ $5\overline{)9.8}$

⑥ $6\overline{)7.5}$

⑦ $4\overline{)3.4}$

⑧ $8\overline{)9.2}$

⑨ $8\overline{)67.6}$

⑩ $4\overline{)31.4}$

⑪ $18\overline{)24.3}$

⑫ $15\overline{)24.6}$

勉強した日

月
日

66

わり進む，$\frac{1}{10}$を整数でわる計算

練習

▶▶▶答えはべっさつ12ページ

点数

点

①〜⑧：1問8点　⑨〜⑫：1問9点

わりきれるまで計算をしましょう。

① 4)4.6

② 2)8.3

③ 6)8.7

④ 5)8.6

⑤ 4)6.6

⑥ 2)5.5

⑦ 8)2.8

⑧ 6)8.1

⑨ 5)31.6

⑩ 8)31.6

⑪ 14)51.1

⑫ 12)22.2

勉強した日

月
日

67

答えが小数になるわり算

りかい

▶▶▶答えはべっさつ 12 ページ

1 問 25 点

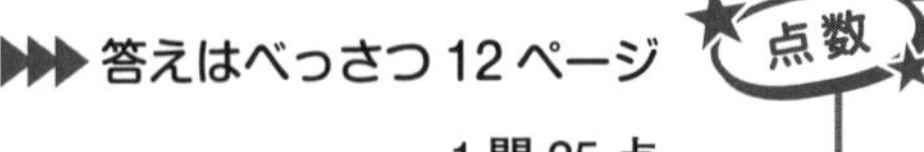
点数
点

わりきれるまで計算をしましょう。

①

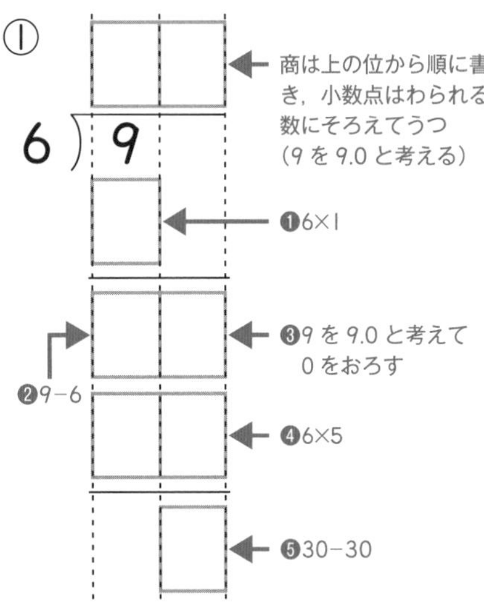
6)9
商は上の位から順に書き，小数点はわられる数にそろえてうつ（9 を 9.0 と考える）
❶6×1
❸9 を 9.0 と考えて 0 をおろす
❷9−6
❹6×5
❺30−30

②

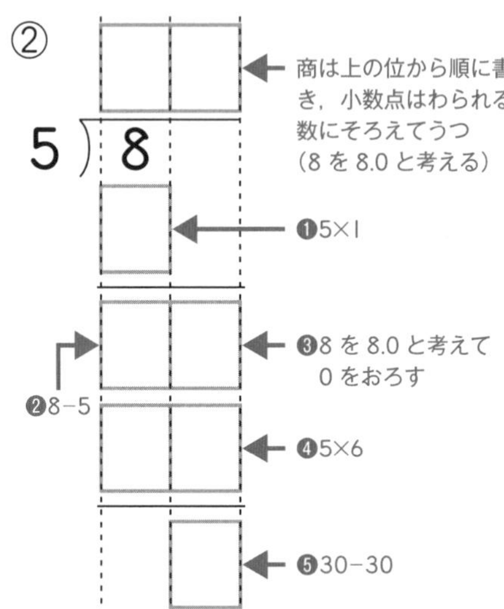
5)8
商は上の位から順に書き，小数点はわられる数にそろえてうつ（8 を 8.0 と考える）
❶5×1
❸8 を 8.0 と考えて 0 をおろす
❷8−5
❹5×6
❺30−30

③

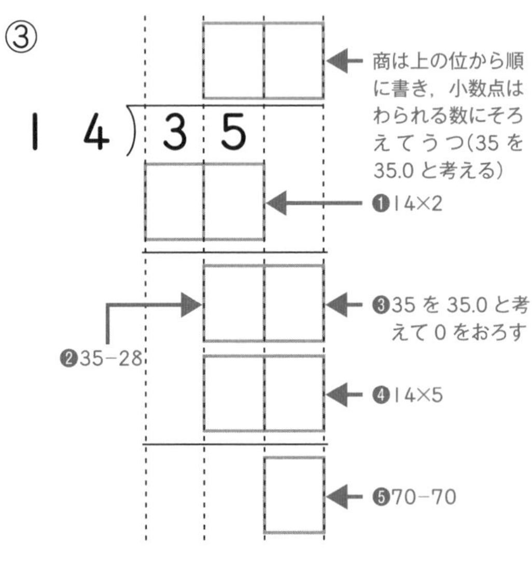
14)35
商は上の位から順に書き，小数点はわられる数にそろえてうつ（35 を 35.0 と考える）
❶14×2
❸35 を 35.0 と考えて 0 をおろす
❷35−28
❹14×5
❺70−70

④

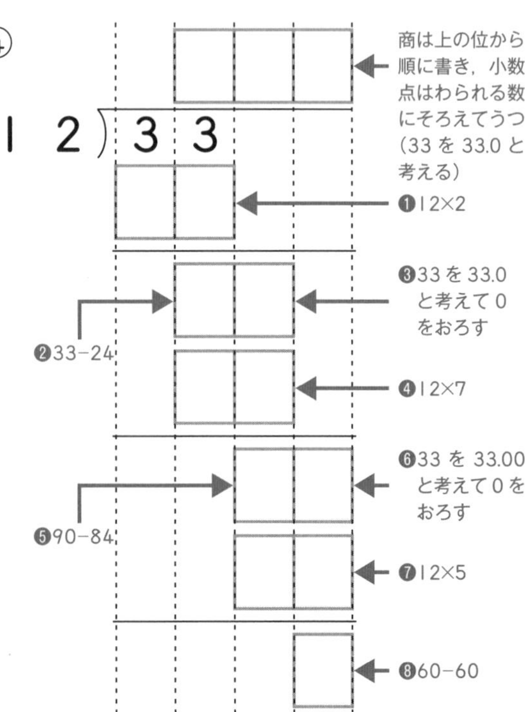
12)33
商は上の位から順に書き，小数点はわられる数にそろえてうつ（33 を 33.0 と考える）
❶12×2
❸33 を 33.0 と考えて 0 をおろす
❷33−24
❹12×7
❻33 を 33.00 と考えて 0 をおろす
❺90−84
❼12×5
❽60−60

勉強した日
月
日

68

答えが小数になるわり算

練習

▶▶▶答えはべっさつ12ページ

①～⑧：1問8点　⑨～⑫：1問9点

点数
点

わりきれるまで計算をしましょう。

① 2)3

② 5)6

③ 4)9

④ 6)9

⑤ 2)5

⑥ 8)6

⑦ 4)30

⑧ 5)17

⑨ 6)15

⑩ 2)11

⑪ 6)21

⑫ 8)42

勉強した日
月
日

69

答えが小数になるわり算

練習

▶▶▶答えはべっさつ 12 ページ

①〜⑧：1問8点　⑨〜⑫：1問9点

点数
点

わりきれるまで計算をしましょう。

① 14)21

② 16)40

③ 12)42

④ 18)27

⑤ 16)28

⑥ 28)35

⑦ 15)6

⑧ 20)7

⑨ 12)9

⑩ 28)7

⑪ 24)6

⑫ 25)9

勉強した日
月
日

70

答えが小数になるわり算

練習

▶▶▶答えはべっさつ12ページ

①～⑧：1問8点　⑨～⑫：1問9点

点数
点

わりきれるまで計算をしましょう。

① $2\overline{)9}$

② $5\overline{)3}$

③ $4\overline{)3}$

④ $4\overline{)18}$

⑤ $6\overline{)51}$

⑥ $5\overline{)34}$

⑦ $14\overline{)49}$

⑧ $16\overline{)60}$

⑨ $28\overline{)77}$

⑩ $20\overline{)8}$

⑪ $15\overline{)9}$

⑫ $25\overline{)6}$

71 分数と分数のたし算 ①

りかい

▶▶▶ 答えはべっさつ 13 ページ

1 問 25 点

点数
点

たし算をしましょう。

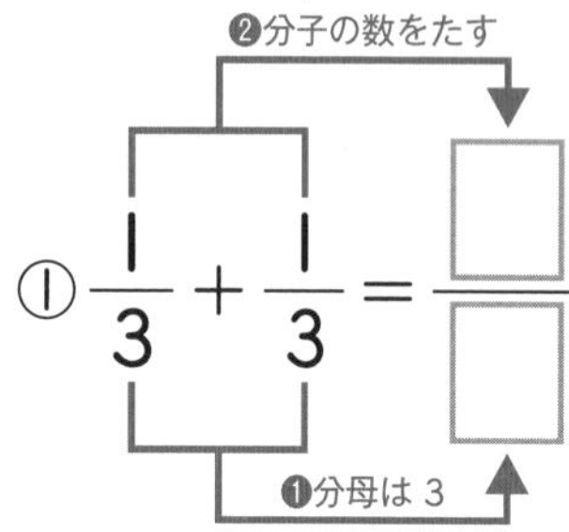
❷分子の数をたす
① $\frac{1}{3}+\frac{1}{3}=$
❶分母は 3

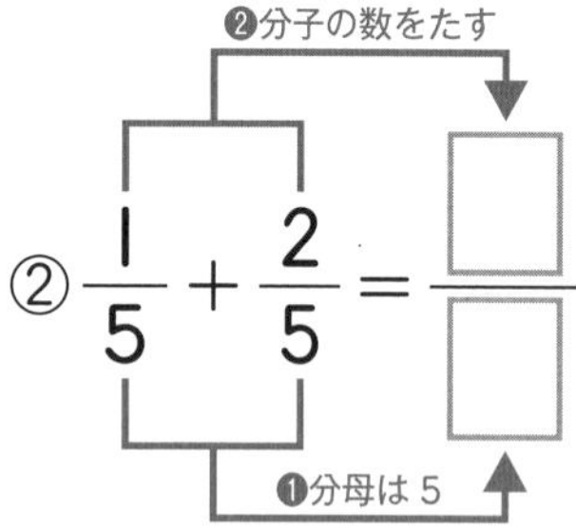
❷分子の数をたす
② $\frac{1}{5}+\frac{2}{5}=$
❶分母は 5

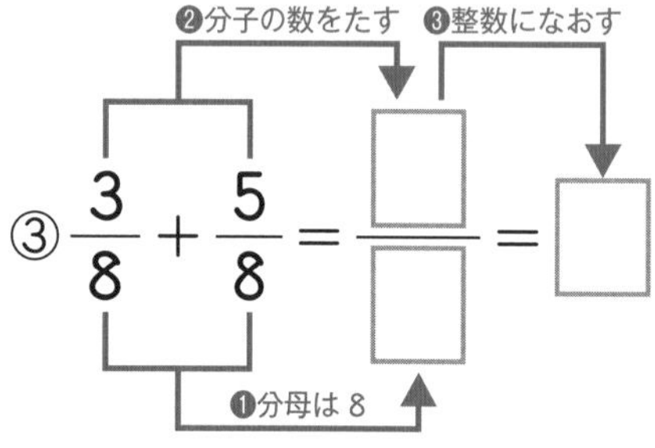
❷分子の数をたす
❸整数になおす
③ $\frac{3}{8}+\frac{5}{8}=$
❶分母は 8

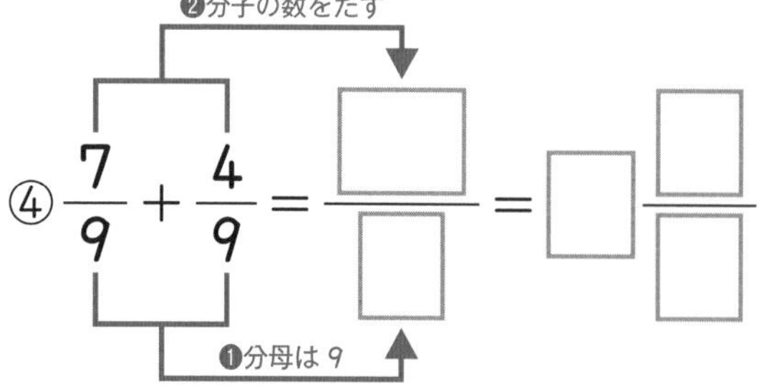
❷分子の数をたす
④ $\frac{7}{9}+\frac{4}{9}=$
❶分母は 9

＊答えは帯分数に
なおしてもよい

72 分数と分数のたし算 ①

練習

▶▶▶答えはべっさつ 13 ページ

点数

点

①〜⑭：1問6点　⑮〜⑯：1問8点

たし算をしましょう。

① $\frac{1}{4}+\frac{2}{4}$

② $\frac{3}{5}+\frac{1}{5}$

③ $\frac{2}{7}+\frac{3}{7}$

④ $\frac{1}{6}+\frac{4}{6}$

⑤ $\frac{1}{8}+\frac{3}{8}$

⑥ $\frac{2}{9}+\frac{5}{9}$

⑦ $\frac{2}{5}+\frac{2}{5}$

⑧ $\frac{4}{7}+\frac{2}{7}$

⑨ $\frac{1}{2}+\frac{1}{2}$

⑩ $\frac{2}{3}+\frac{1}{3}$

⑪ $\frac{3}{6}+\frac{4}{6}$

⑫ $\frac{2}{5}+\frac{4}{5}$

⑬ $\frac{2}{7}+\frac{6}{7}$

⑭ $\frac{4}{8}+\frac{5}{8}$

⑮ $\frac{4}{9}+\frac{7}{9}$

⑯ $\frac{5}{8}+\frac{7}{8}$

勉強した日  月  日

73 分数と分数のたし算 ①

▶▶▶答えはべっさつ 13 ページ

①～⑭：1 問 6 点　⑮～⑯：1 問 8 点

点数　　点

たし算をしましょう。

① $\frac{2}{5}+\frac{1}{5}$

② $\frac{3}{6}+\frac{2}{6}$

③ $\frac{1}{7}+\frac{5}{7}$

④ $\frac{2}{8}+\frac{5}{8}$

⑤ $\frac{3}{9}+\frac{2}{9}$

⑥ $\frac{2}{4}+\frac{1}{4}$

⑦ $\frac{1}{6}+\frac{2}{6}$

⑧ $\frac{1}{8}+\frac{4}{8}$

⑨ $\frac{3}{4}+\frac{1}{4}$

⑩ $\frac{2}{5}+\frac{3}{5}$

⑪ $\frac{2}{3}+\frac{2}{3}$

⑫ $\frac{3}{7}+\frac{6}{7}$

⑬ $\frac{2}{6}+\frac{5}{6}$

⑭ $\frac{3}{4}+\frac{3}{4}$

⑮ $\frac{6}{9}+\frac{7}{9}$

⑯ $\frac{5}{7}+\frac{6}{7}$

74 分数と分数のたし算 ①

▶▶▶ 答えはべっさつ 13 ページ

点

①～⑭：1 問 6 点　⑮～⑯：1 問 8 点

たし算をしましょう。

① $\frac{3}{6}+\frac{1}{6}$

② $\frac{1}{5}+\frac{1}{5}$

③ $\frac{3}{8}+\frac{4}{8}$

④ $\frac{2}{7}+\frac{2}{7}$

⑤ $\frac{3}{9}+\frac{4}{9}$

⑥ $\frac{1}{3}+\frac{1}{3}$

⑦ $\frac{3}{7}+\frac{3}{7}$

⑧ $\frac{1}{8}+\frac{2}{8}$

⑨ $\frac{2}{4}+\frac{2}{4}$

⑩ $\frac{4}{5}+\frac{1}{5}$

⑪ $\frac{5}{6}+\frac{4}{6}$

⑫ $\frac{3}{5}+\frac{3}{5}$

⑬ $\frac{4}{7}+\frac{4}{7}$

⑭ $\frac{3}{6}+\frac{5}{6}$

⑮ $\frac{7}{9}+\frac{8}{9}$

⑯ $\frac{5}{6}+\frac{5}{6}$

分数と分数，整数と分数のひき算①

りかい

答えはべっさつ13ページ

点数

点

1問25点

ひき算をしましょう。

① $\frac{2}{3}-\frac{1}{3}=\frac{\square}{\square}$

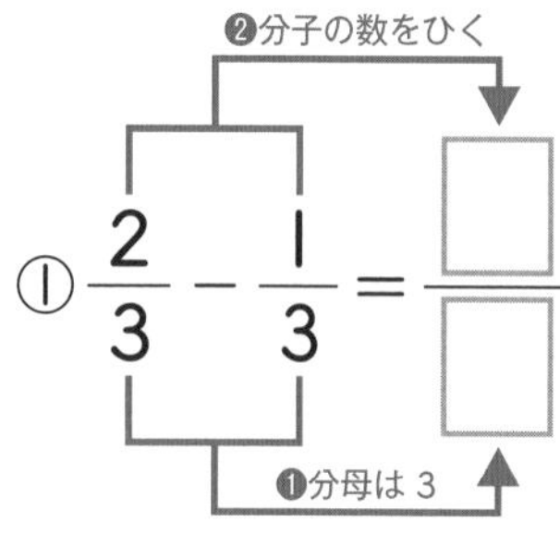
❷分子の数をひく
❶分母は3

② $\frac{5}{6}-\frac{2}{6}=\frac{\square}{\square}$

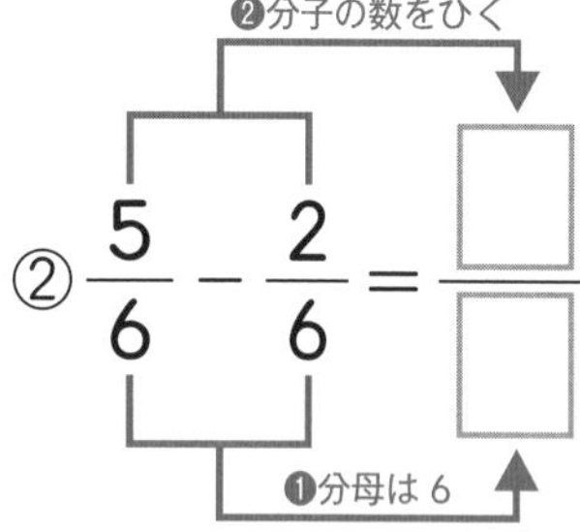
❷分子の数をひく
❶分母は6

③ $1-\frac{2}{5}=\frac{\square}{\square}-\frac{\square}{\square}=\frac{\square}{\square}$

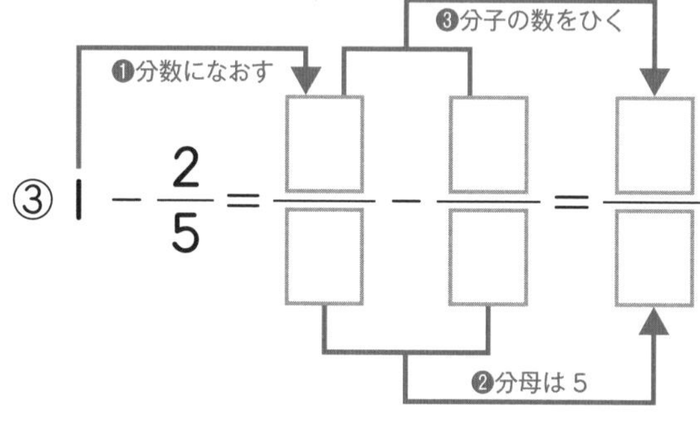
❶分数になおす
❸分子の数をひく
❷分母は5

④ $2-\frac{3}{4}=\frac{\square}{\square}-\frac{\square}{\square}=\frac{\square}{\square}=\square\frac{\square}{\square}$

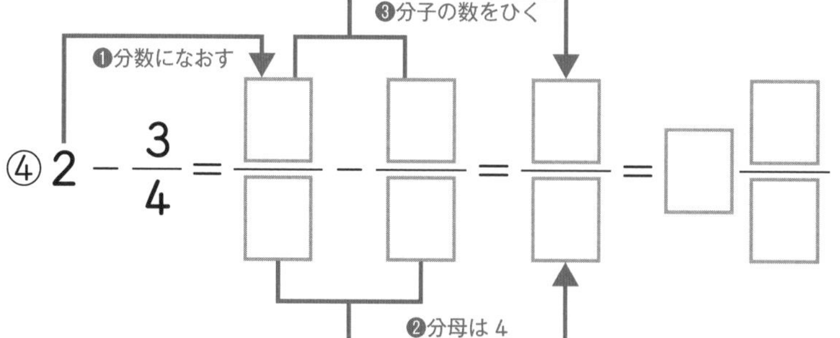
❶分数になおす
❸分子の数をひく
❷分母は4

＊答えは帯分数になおしてもよい

勉強した日　月　日

76 分数と分数，整数と分数のひき算①

練習

▶▶▶ 答えはべっさつ13ページ

点数

点

①～⑭：1問6点　⑮～⑯：1問8点

ひき算をしましょう。

① $\frac{3}{4}-\frac{2}{4}$

② $\frac{4}{5}-\frac{1}{5}$

③ $\frac{5}{6}-\frac{3}{6}$

④ $\frac{7}{8}-\frac{5}{8}$

⑤ $\frac{8}{9}-\frac{4}{9}$

⑥ $\frac{3}{7}-\frac{1}{7}$

⑦ $\frac{4}{6}-\frac{3}{6}$

⑧ $\frac{5}{8}-\frac{2}{8}$

⑨ $\frac{3}{5}-\frac{2}{5}$

⑩ $\frac{5}{7}-\frac{2}{7}$

⑪ $\frac{7}{9}-\frac{2}{9}$

⑫ $\frac{4}{6}-\frac{2}{6}$

⑬ $\frac{3}{4}-\frac{1}{4}$

⑭ $\frac{6}{8}-\frac{1}{8}$

⑮ $\frac{6}{9}-\frac{4}{9}$

⑯ $\frac{6}{7}-\frac{2}{7}$

77 分数と分数，整数と分数のひき算 ①

練習

答えはべっさつ 14 ページ
▶▶▶答えはべっさつ 14 ページ

点数

①～⑭：1問6点　⑮～⑯：1問8点

点

ひき算をしましょう。

① $1-\frac{1}{2}$

② $1-\frac{1}{3}$

③ $1-\frac{3}{4}$

④ $1-\frac{1}{6}$

⑤ $1-\frac{3}{8}$

⑥ $1-\frac{2}{9}$

⑦ $1-\frac{5}{7}$

⑧ $1-\frac{4}{5}$

⑨ $2-\frac{1}{2}$

⑩ $2-\frac{2}{3}$

⑪ $2-\frac{1}{4}$

⑫ $2-\frac{5}{6}$

⑬ $2-\frac{7}{8}$

⑭ $2-\frac{5}{7}$

⑮ $3-\frac{2}{5}$

⑯ $3-\frac{1}{4}$

勉強した日  月  日

78 分数と分数，整数と分数のひき算 ①

練習

▶▶▶ 答えはべっさつ 14 ページ

点数

点

①～⑭：1 問 6 点　⑮～⑯：1 問 8 点

ひき算をしましょう。

① $\frac{2}{4}-\frac{1}{4}$

② $\frac{5}{9}-\frac{3}{9}$

③ $\frac{4}{7}-\frac{1}{7}$

④ $\frac{4}{5}-\frac{2}{5}$

⑤ $\frac{6}{8}-\frac{2}{8}$

⑥ $\frac{3}{6}-\frac{1}{6}$

⑦ $\frac{8}{9}-\frac{3}{9}$

⑧ $\frac{5}{8}-\frac{1}{8}$

⑨ $1-\frac{2}{3}$

⑩ $1-\frac{3}{7}$

⑪ $1-\frac{5}{8}$

⑫ $1-\frac{4}{9}$

⑬ $2-\frac{1}{3}$

⑭ $2-\frac{4}{5}$

⑮ $3-\frac{5}{6}$

⑯ $3-\frac{1}{2}$

79 分数と分数のたし算 ②

りかい

▶▶▶答えはべっさつ 14 ページ  
点数

点

1 問 25 点

たし算をしましょう。

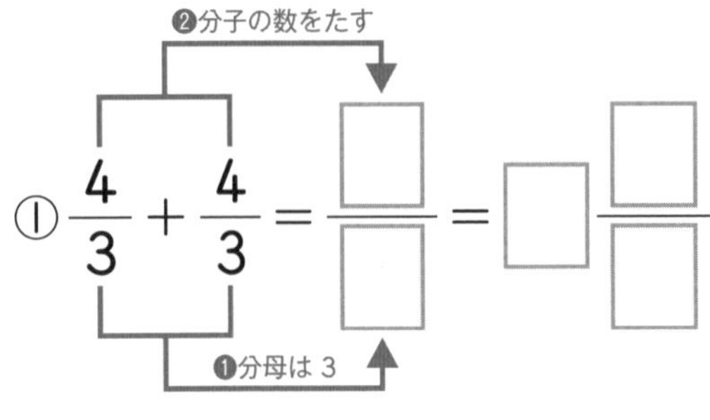
❷分子の数をたす
❶分母は 3

① $\frac{4}{3}+\frac{4}{3}=\frac{\square}{\square}=\square\frac{\square}{\square}$

＊答えは帯分数になおしてもよい

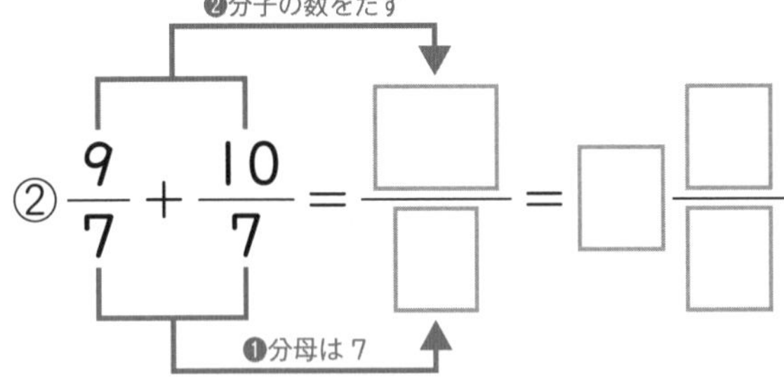
❷分子の数をたす
❶分母は 7

② $\frac{9}{7}+\frac{10}{7}=\frac{\square}{\square}=\square\frac{\square}{\square}$

＊答えは帯分数になおしてもよい

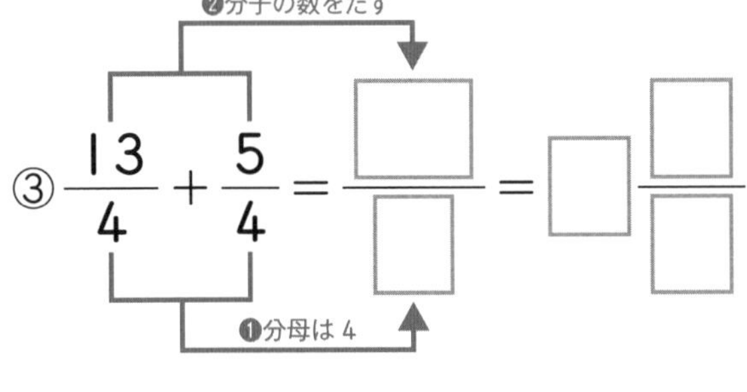
❷分子の数をたす
❶分母は 4

③ $\frac{13}{4}+\frac{5}{4}=\frac{\square}{\square}=\square\frac{\square}{\square}$

＊答えは帯分数になおしてもよい

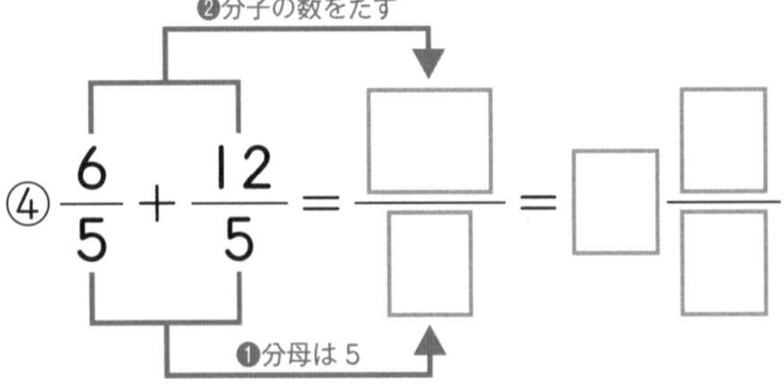
❷分子の数をたす
❶分母は 5

④ $\frac{6}{5}+\frac{12}{5}=\frac{\square}{\square}=\square\frac{\square}{\square}$

＊答えは帯分数になおしてもよい

80 分数と分数のたし算 ②

▶▶▶ 答えはべっさつ 14 ページ

点数　　点

①〜⑭：1 問 6 点　⑮〜⑯：1 問 8 点

たし算をしましょう。

① $\frac{8}{3}+\frac{11}{3}$

② $\frac{5}{4}+\frac{14}{4}$

③ $\frac{11}{5}+\frac{6}{5}$

④ $\frac{7}{6}+\frac{10}{6}$

⑤ $\frac{10}{9}+\frac{13}{9}$

⑥ $\frac{10}{7}+\frac{12}{7}$

⑦ $\frac{7}{5}+\frac{12}{5}$

⑧ $\frac{7}{4}+\frac{11}{4}$

⑨ $\frac{7}{5}+\frac{9}{5}$

⑩ $\frac{4}{3}+\frac{7}{3}$

⑪ $\frac{7}{6}+\frac{8}{6}$

⑫ $\frac{8}{7}+\frac{8}{7}$

⑬ $\frac{9}{8}+\frac{9}{8}$

⑭ $\frac{9}{5}+\frac{8}{5}$

⑮ $\frac{7}{4}+\frac{14}{4}$

⑯ $\frac{8}{7}+\frac{15}{7}$

勉強した日  月 日

81

分数と分数のたし算 ②

練習

▶▶▶答えはべっさつ 14 ページ

点数

点

①〜⑭：1問6点　⑮〜⑯：1問8点

たし算をしましょう。

① $\frac{6}{4}+\frac{11}{4}$

② $\frac{5}{3}+\frac{11}{3}$

③ $\frac{6}{5}+\frac{13}{5}$

④ $\frac{12}{7}+\frac{13}{7}$

⑤ $\frac{11}{8}+\frac{14}{8}$

⑥ $\frac{7}{6}+\frac{12}{6}$

⑦ $\frac{13}{8}+\frac{16}{8}$

⑧ $\frac{13}{3}+\frac{4}{3}$

⑨ $\frac{5}{4}+\frac{9}{4}$

⑩ $\frac{7}{6}+\frac{9}{6}$

⑪ $\frac{7}{3}+\frac{6}{3}$

⑫ $\frac{9}{5}+\frac{9}{5}$

⑬ $\frac{9}{7}+\frac{9}{7}$

⑭ $\frac{7}{6}+\frac{7}{6}$

⑮ $\frac{9}{8}+\frac{17}{8}$

⑯ $\frac{8}{5}+\frac{14}{5}$

勉強した日　月　日

82 分数と分数のたし算 ②

▶▶▶ 答えはべっさつ 14 ページ

点数　　点

①～⑭：1 問 6 点　⑮～⑯：1 問 8 点

たし算をしましょう。

① $\frac{6}{5}+\frac{11}{5}$

② $\frac{10}{3}+\frac{7}{3}$

③ $\frac{13}{4}+\frac{6}{4}$

④ $\frac{11}{6}+\frac{8}{6}$

⑤ $\frac{11}{7}+\frac{15}{7}$

⑥ $\frac{12}{8}+\frac{17}{8}$

⑦ $\frac{5}{4}+\frac{14}{4}$

⑧ $\frac{13}{6}+\frac{14}{6}$

⑨ $\frac{8}{7}+\frac{9}{7}$

⑩ $\frac{6}{5}+\frac{8}{5}$

⑪ $\frac{7}{5}+\frac{6}{5}$

⑫ $\frac{9}{4}+\frac{6}{4}$

⑬ $\frac{9}{6}+\frac{8}{6}$

⑭ $\frac{7}{4}+\frac{7}{4}$

⑮ $\frac{9}{6}+\frac{14}{6}$

⑯ $\frac{8}{3}+\frac{14}{3}$

83 分数と分数のたし算 ③

りかい

▶▶▶ 答えはべっさつ 15 ページ

①〜④：1 問 15 点　⑤〜⑥：1 問 20 点

点数
点

たし算をしましょう。

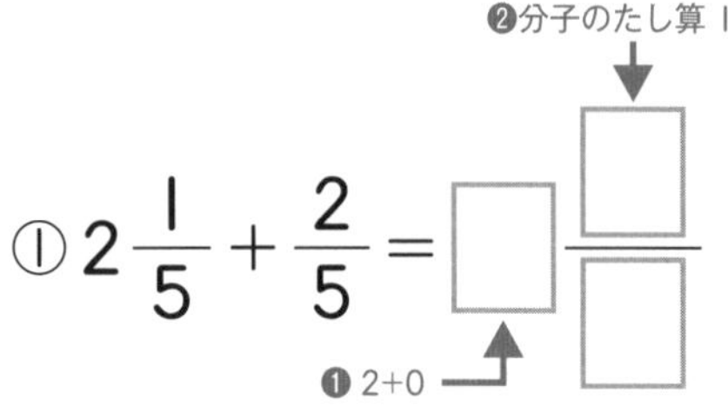
❷分子のたし算 1+2
❶ 2+0

① $2\frac{1}{5}+\frac{2}{5}=\square\frac{\square}{\square}$

❷分子のたし算 1+2
❶ 3+2

② $3\frac{1}{4}+2\frac{2}{4}=\square\frac{\square}{\square}$

❷分子のたし算 2+1
❶ 1+0
❸ $\frac{3}{3}=1$ なので，1+1

③ $1\frac{2}{3}+\frac{1}{3}=\square\frac{\square}{\square}=\square$

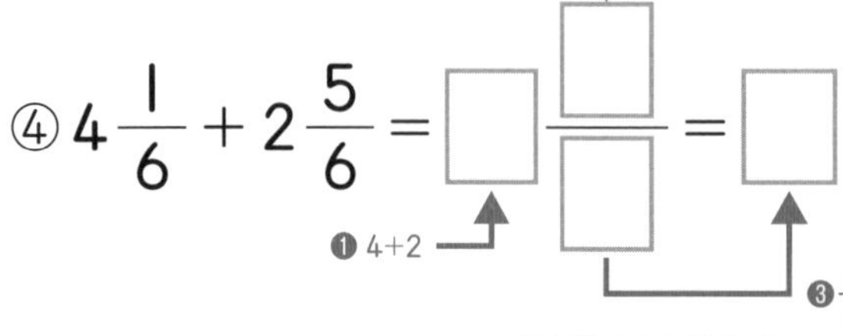
❷分子のたし算 1+5
❶ 4+2
❸ $\frac{6}{6}=1$ なので，6+1

④ $4\frac{1}{6}+2\frac{5}{6}=\square\frac{\square}{\square}=\square$

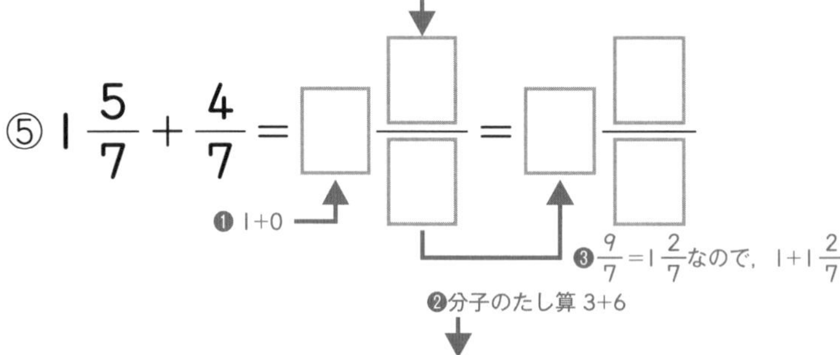
❷分子のたし算 5+4
❶ 1+0
❸ $\frac{9}{7}=1\frac{2}{7}$なので，$1+1\frac{2}{7}$

⑤ $1\frac{5}{7}+\frac{4}{7}=\square\frac{\square}{\square}=\square\frac{\square}{\square}$

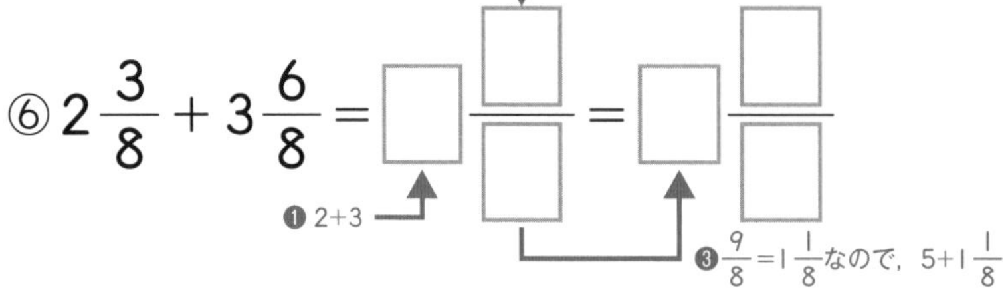
❷分子のたし算 3+6
❶ 2+3
❸ $\frac{9}{8}=1\frac{1}{8}$なので，$5+1\frac{1}{8}$

⑥ $2\frac{3}{8}+3\frac{6}{8}=\square\frac{\square}{\square}=\square\frac{\square}{\square}$

勉強した日
月
日

84

分数と分数のたし算 ③

練習

▶▶▶ 答えはべっさつ 15 ページ

①～⑭：1 問 6 点　⑮～⑯：1 問 8 点

点数
点

たし算をしましょう。

① $1\frac{1}{3}+2\frac{1}{3}$

② $2\frac{1}{5}+1\frac{3}{5}$

③ $3\frac{2}{7}+2\frac{3}{7}$

④ $2\frac{2}{9}+4\frac{5}{9}$

⑤ $2\frac{3}{4}+1\frac{1}{4}$

⑥ $3\frac{1}{2}+4\frac{1}{2}$

⑦ $1\frac{2}{6}+3\frac{4}{6}$

⑧ $2\frac{3}{8}+2\frac{5}{8}$

⑨ $1\frac{2}{4}+4\frac{3}{4}$

⑩ $2\frac{3}{5}+1\frac{4}{5}$

⑪ $3\frac{4}{7}+1\frac{6}{7}$

⑫ $2\frac{3}{6}+2\frac{4}{6}$

⑬ $3\frac{4}{5}+1\frac{4}{5}$

⑭ $2\frac{2}{3}+1\frac{2}{3}$

⑮ $2\frac{6}{7}+1\frac{5}{7}$

⑯ $3\frac{7}{8}+2\frac{6}{8}$

勉強した日  月  日

85 分数と分数のたし算 ③

練習

▶▶▶ 答えはべっさつ 15 ページ

①〜⑭：1 問 6 点　⑮〜⑯：1 問 8 点

点数
点

たし算をしましょう。

① $2\frac{1}{4}+\frac{1}{4}$

② $3\frac{2}{5}+\frac{2}{5}$

③ $4\frac{2}{6}+\frac{3}{6}$

④ $1\frac{4}{7}+\frac{2}{7}$

⑤ $3\frac{2}{3}+\frac{1}{3}$

⑥ $2\frac{3}{8}+\frac{5}{8}$

⑦ $1\frac{6}{9}+\frac{3}{9}$

⑧ $4\frac{2}{5}+\frac{3}{5}$

⑨ $1\frac{5}{6}+\frac{4}{6}$

⑩ $3\frac{3}{7}+\frac{6}{7}$

⑪ $1\frac{3}{5}+\frac{4}{5}$

⑫ $2\frac{3}{4}+\frac{3}{4}$

⑬ $3\frac{4}{5}+\frac{4}{5}$

⑭ $2\frac{4}{7}+\frac{5}{7}$

⑮ $2\frac{4}{8}+\frac{7}{8}$

⑯ $1\frac{6}{9}+\frac{8}{9}$

勉強した日
月
日

86

分数と分数のたし算 ③

練習

▶▶▶答えはべっさつ 15 ページ

①～⑭：1 問 6 点　⑮～⑯：1 問 8 点

点数　　点

たし算をしましょう。

① $1\frac{1}{7}+2\frac{5}{7}$

② $2\frac{2}{8}+1\frac{3}{8}$

③ $3\frac{2}{4}+\frac{1}{4}$

④ $2\frac{1}{6}+\frac{4}{6}$

⑤ $1\frac{2}{4}+2\frac{2}{4}$

⑥ $3\frac{4}{5}+1\frac{1}{5}$

⑦ $2\frac{4}{9}+\frac{5}{9}$

⑧ $3\frac{3}{7}+\frac{4}{7}$

⑨ $1\frac{3}{8}+2\frac{6}{8}$

⑩ $1\frac{4}{6}+3\frac{3}{6}$

⑪ $2\frac{4}{5}+\frac{2}{5}$

⑫ $2\frac{4}{7}+\frac{5}{7}$

⑬ $2\frac{7}{8}+1\frac{6}{8}$

⑭ $3\frac{7}{9}+2\frac{5}{9}$

⑮ $3\frac{6}{7}+\frac{6}{7}$

⑯ $2\frac{5}{9}+\frac{6}{9}$

87 分数と分数のひき算

りかい

▶▶▶答えはべっさつ 15 ページ

点数
点

1 問 25 点

ひき算をしましょう。

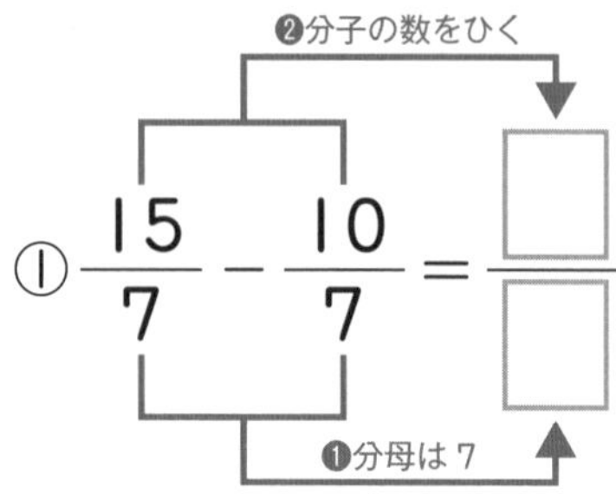
❷分子の数をひく
① 15/7 − 10/7 =
❶分母は 7

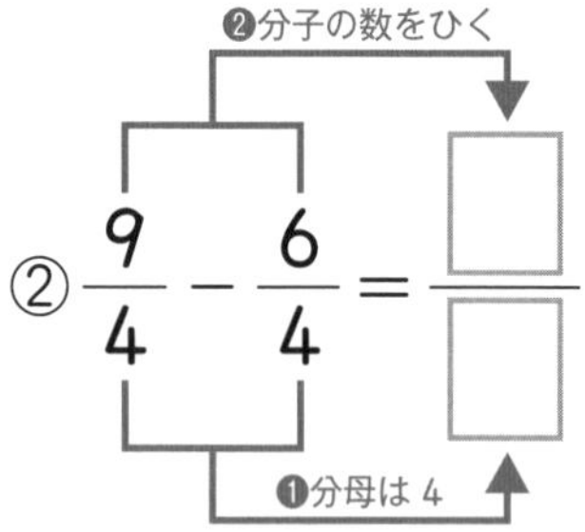
❷分子の数をひく
② 9/4 − 6/4 =
❶分母は 4

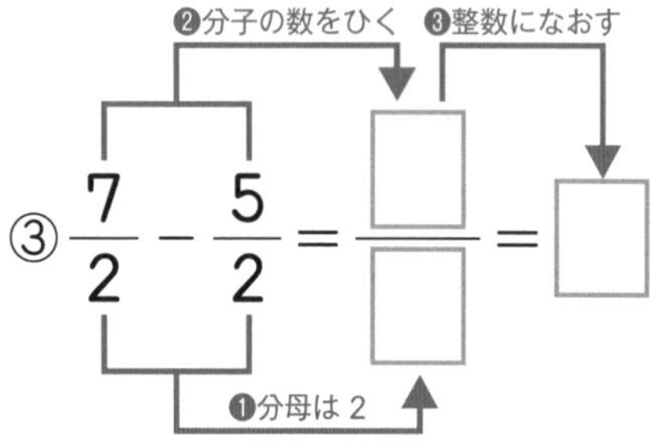
❷分子の数をひく
❸整数になおす
③ 7/2 − 5/2 = =
❶分母は 2

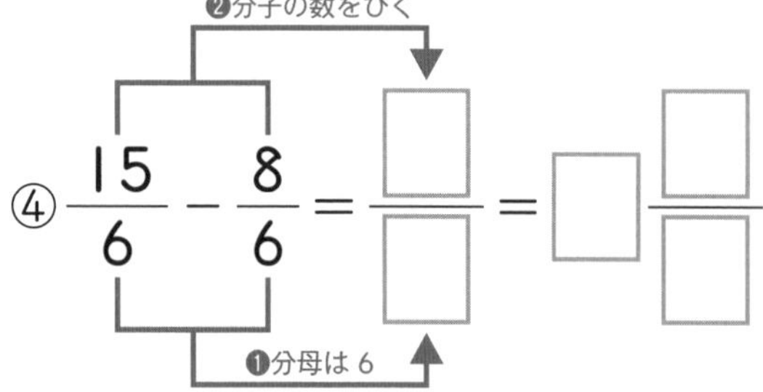
❷分子の数をひく
④ 15/6 − 8/6 = =
❶分母は 6

＊答えは帯分数になおしてもよい

分数と分数のひき算

練習

▶▶▶答えはべっさつ15ページ

①〜⑭：1問6点　⑮〜⑯：1問8点

点数　　点

ひき算をしましょう。

① $\frac{7}{3}-\frac{5}{3}$

② $\frac{8}{6}-\frac{7}{6}$

③ $\frac{9}{5}-\frac{7}{5}$

④ $\frac{15}{8}-\frac{12}{8}$

⑤ $\frac{9}{4}-\frac{5}{4}$

⑥ $\frac{5}{2}-\frac{3}{2}$

⑦ $\frac{19}{7}-\frac{11}{7}$

⑧ $\frac{18}{4}-\frac{13}{4}$

⑨ $\frac{11}{5}-\frac{6}{5}$

⑩ $\frac{11}{3}-\frac{7}{3}$

⑪ $\frac{13}{4}-\frac{6}{4}$

⑫ $\frac{22}{7}-\frac{9}{7}$

⑬ $\frac{23}{8}-\frac{9}{8}$

⑭ $\frac{16}{6}-\frac{9}{6}$

⑮ $\frac{31}{9}-\frac{14}{9}$

⑯ $\frac{22}{7}-\frac{13}{7}$

勉強した日  月  日

89 分数と分数のひき算

練習

▶▶▶答えはべっさつ 16 ページ

①〜⑭：1問6点　⑮〜⑯：1問8点

点数　　点

ひき算をしましょう。

① $\frac{8}{5}-\frac{6}{5}$

② $\frac{10}{4}-\frac{7}{4}$

③ $\frac{9}{7}-\frac{8}{7}$

④ $\frac{17}{8}-\frac{12}{8}$

⑤ $\frac{9}{2}-\frac{7}{2}$

⑥ $\frac{8}{3}-\frac{5}{3}$

⑦ $\frac{18}{5}-\frac{12}{5}$

⑧ $\frac{19}{6}-\frac{8}{6}$

⑨ $\frac{16}{4}-\frac{9}{4}$

⑩ $\frac{15}{7}-\frac{8}{7}$

⑪ $\frac{18}{8}-\frac{9}{8}$

⑫ $\frac{13}{5}-\frac{6}{5}$

⑬ $\frac{14}{3}-\frac{7}{3}$

⑭ $\frac{15}{6}-\frac{8}{6}$

⑮ $\frac{22}{7}-\frac{13}{7}$

⑯ $\frac{23}{8}-\frac{14}{8}$

勉強した日  月  日

90 分数と分数のひき算

答えはべっさつ 16 ページ

①〜⑭：1 問 6 点　⑮〜⑯：1 問 8 点

点

ひき算をしましょう。

① $\frac{9}{6}-\frac{7}{6}$

② $\frac{7}{4}-\frac{5}{4}$

③ $\frac{8}{3}-\frac{7}{3}$

④ $\frac{16}{7}-\frac{11}{7}$

⑤ $\frac{7}{3}-\frac{4}{3}$

⑥ $\frac{10}{4}-\frac{6}{4}$

⑦ $\frac{17}{6}-\frac{10}{6}$

⑧ $\frac{19}{5}-\frac{12}{5}$

⑨ $\frac{32}{9}-\frac{17}{9}$

⑩ $\frac{15}{6}-\frac{8}{6}$

⑪ $\frac{17}{8}-\frac{9}{8}$

⑫ $\frac{13}{3}-\frac{8}{3}$

⑬ $\frac{18}{7}-\frac{9}{7}$

⑭ $\frac{17}{6}-\frac{9}{6}$

⑮ $\frac{15}{4}-\frac{6}{4}$

⑯ $\frac{21}{5}-\frac{13}{5}$

ニガテ

りかい

勉強した日　　月　　日

91 分数と分数，整数と分数のひき算 ②

▶▶▶答えはべっさつ 16 ページ

点数　　点

1問 25 点

ひき算をしましょう。

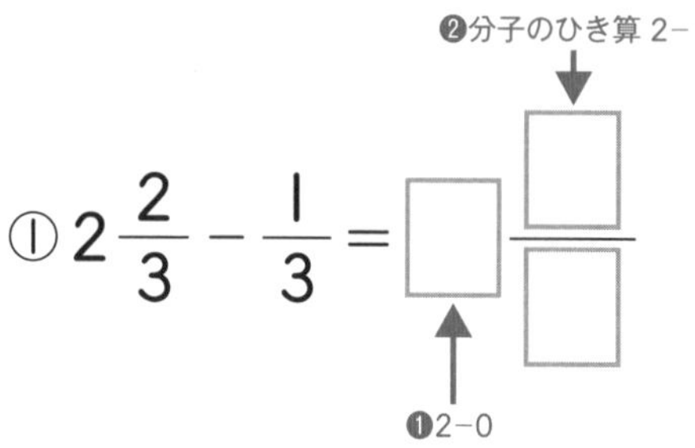

①$2\frac{2}{3}-\frac{1}{3}=$
❷分子のひき算 2−1
❶2−0

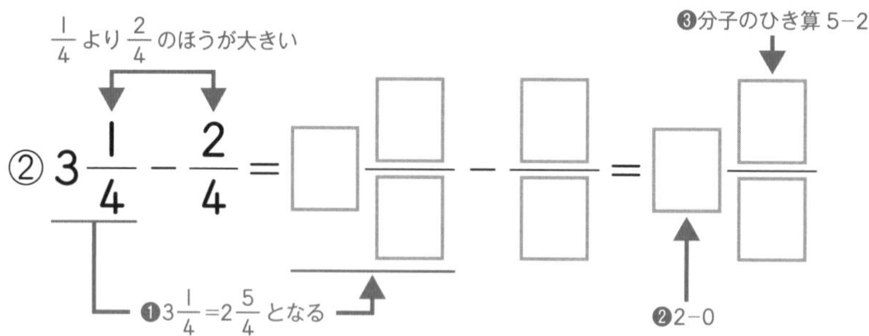

②$3\frac{1}{4}-\frac{2}{4}=$
$\frac{1}{4}$より$\frac{2}{4}$のほうが大きい
❸分子のひき算 5−2
❶$3\frac{1}{4}=2\frac{5}{4}$となる
❷2−0

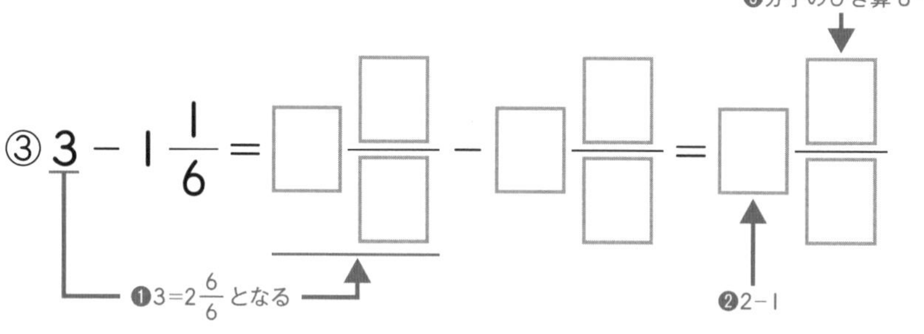

③$3-1\frac{1}{6}=$
❸分子のひき算 6−1
❶$3=2\frac{6}{6}$となる
❷2−1

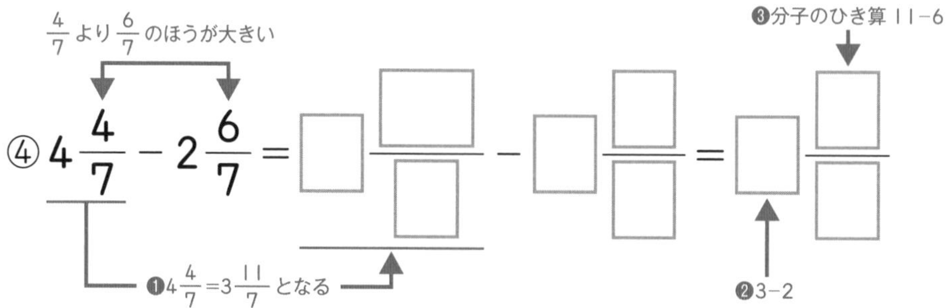

④$4\frac{4}{7}-2\frac{6}{7}=$
$\frac{4}{7}$より$\frac{6}{7}$のほうが大きい
❸分子のひき算 11−6
❶$4\frac{4}{7}=3\frac{11}{7}$となる
❷3−2

分数と分数，整数と分数のひき算②

練習

▶▶▶答えはべっさつ16ページ

点数

点

①～⑭：1問6点　⑮～⑯：1問8点

ひき算をしましょう。

① $2\frac{3}{4}-\frac{2}{4}$

② $3\frac{4}{5}-\frac{3}{5}$

③ $1\frac{7}{8}-\frac{2}{8}$

④ $2\frac{7}{9}-\frac{2}{9}$

⑤ $4\frac{5}{7}-\frac{3}{7}$

⑥ $2\frac{5}{6}-\frac{4}{6}$

⑦ $4-2\frac{1}{2}$

⑧ $5-3\frac{8}{9}$

⑨ $9-5\frac{5}{8}$

⑩ $13-6\frac{5}{7}$

⑪ $3\frac{2}{3}-1\frac{1}{3}$

⑫ $5\frac{1}{6}-2\frac{2}{6}$

⑬ $6\frac{2}{4}-3\frac{3}{4}$

⑭ $5\frac{2}{5}-2\frac{3}{5}$

⑮ $3\frac{3}{9}-1\frac{7}{9}$

⑯ $8\frac{5}{7}-5\frac{6}{7}$

勉強した日　　月　　日

93 分数のたし算・ひき算のまとめ

なにが出るかな!?

▶▶▶答えはべっさつ16ページ

計算をして答えのマスをぬろう。帯分数のときは仮分数に，仮分数のときは帯分数になおしてマスを2つぬろう。

（例）　$3-\frac{1}{2}=2\frac{1}{2}\ \left(=\frac{5}{2}\right)$

マスを2つぬる

$\frac{1}{2}$	6	$\frac{1}{8}$	$\frac{19}{5}$	$\frac{13}{9}$	$3\frac{1}{3}$	$\frac{1}{5}$
$\frac{3}{7}$	$\frac{3}{5}$	$\frac{14}{5}$	4	$3\frac{1}{4}$	$\frac{13}{5}$	$1\frac{1}{2}$
$\frac{5}{6}$	$6\frac{2}{3}$	$\frac{15}{7}$	$\frac{2}{3}$	$4\frac{1}{4}$	$\frac{8}{7}$	$\frac{1}{7}$
$\frac{13}{4}$	$1\frac{1}{7}$	$1\frac{2}{8}$	$\frac{11}{7}$	$\frac{7}{4}$	$3\frac{3}{6}$	$1\frac{4}{7}$
$\frac{1}{6}$	$\frac{3}{7}$	5	$\frac{21}{6}$	$5\frac{2}{3}$	$\frac{18}{5}$	$\frac{3}{6}$
$3\frac{1}{5}$	$\frac{4}{9}$	$\frac{1}{9}$	$1\frac{3}{4}$	$\frac{3}{4}$	$2\frac{4}{5}$	$\frac{2}{9}$
$\frac{1}{4}$	$\frac{3}{2}$	$1\frac{1}{8}$	$\frac{20}{3}$	$3\frac{4}{5}$	$\frac{10}{8}$	$\frac{1}{3}$

$1\frac{2}{4}+\frac{1}{4}$　　$4-\frac{3}{4}$　　$1\frac{1}{5}+2\frac{3}{5}$

$3\frac{6}{5}-\frac{7}{5}$　　$1\frac{2}{6}+2\frac{1}{6}$　　$\frac{1}{8}+\frac{9}{8}$

$2\frac{4}{3}+3\frac{1}{3}$　　$\frac{3}{7}+1\frac{1}{7}$　　$2-\frac{6}{7}$

答えとおうちのかた手引き

1 2けたと1けたのわり算

りかい

本さつ4ページ

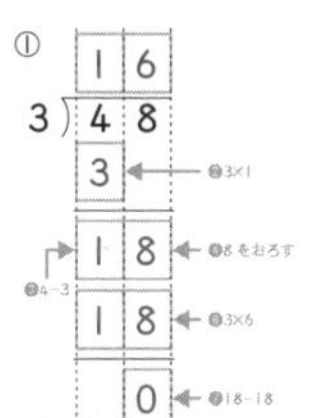
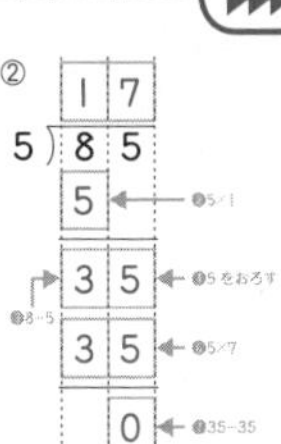
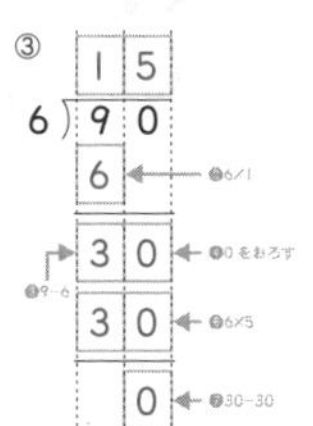
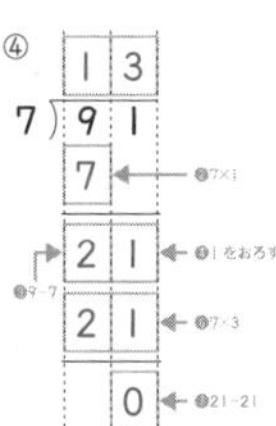

2 2けたと1けたのわり算

練習

本さつ5ページ

① 26　② 14　③ 17　④ 12
⑤ 12　⑥ 29　⑦ 16　⑧ 39
⑨ 14　⑩ 14　⑪ 12　⑫ 15

ポイント

まずは十の位をわり算して，次に一の位のわり算をしましょう。

3 3けたと1けたのわり算

りかい

本さつ6ページ

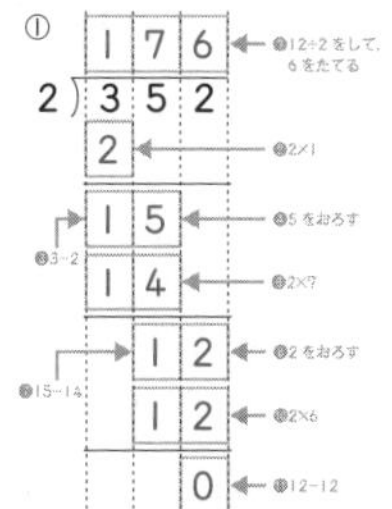
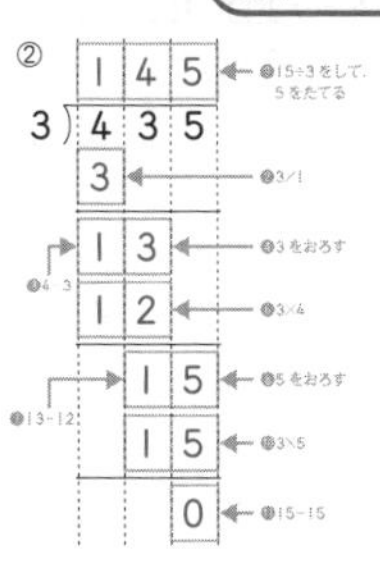

③
145 ← 25÷5 をして，5 をたてる
5)725
5 ← 5×1
22 ← 2 をおろす（7−5）
20 ← 5×4
25 ← 5 をおろす（22−20）
25 ← 5×5
0 ← 25−25

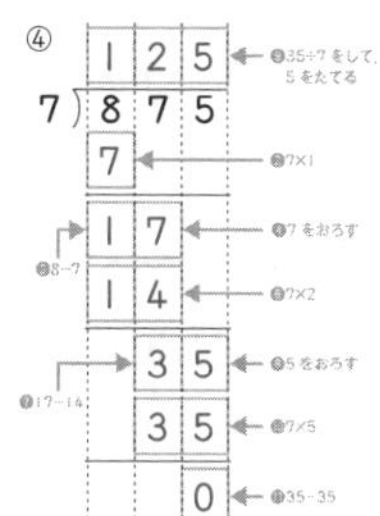

4 3けたと1けたのわり算

練習

本さつ7ページ

① 269　② 122　③ 234　④ 124
⑤ 139　⑥ 121　⑦ 117　⑧ 136
⑨ 118　⑩ 134　⑪ 176　⑫ 139

5 2けたと2けたのわり算

りかい

本さつ8ページ

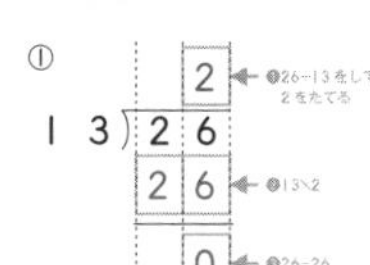
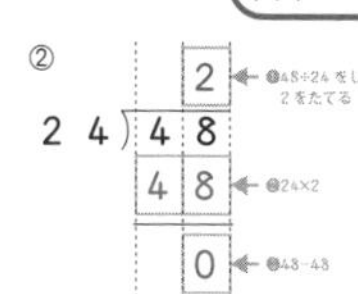
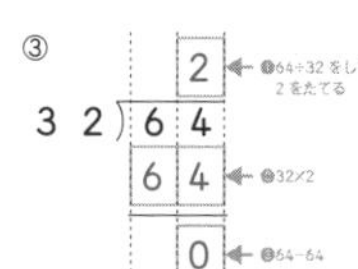

④
3 ← 36÷12 をして，3 をたてる
12)36
36 ← 12×3
0 ← 36−36

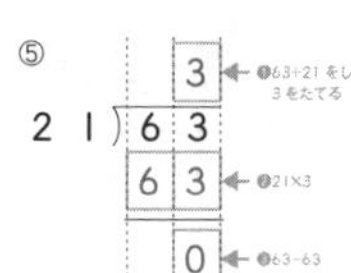
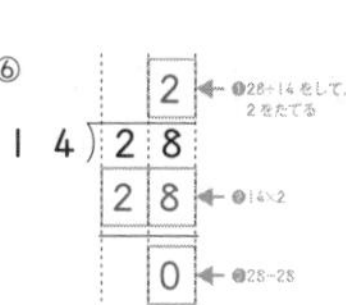

6 2けたと2けたのわり算

練習

本さつ9ページ

① 4　② 2　③ 2　④ 5
⑤ 3　⑥ 2　⑦ 3　⑧ 3
⑨ 2　⑩ 2　⑪ 8　⑫ 2

ポイント

わる数とわられる数の十の位に注目して，わり算をしましょう。

ここがニガテ

⑨と⑩と⑪には，かけ算するときにくり上がりがあるので，注意しましょう。

例

⑨
```
      2
16)32   16×2の
   32←かけ算のくり
    0   上がりに注意
```

⑪
```
      8
12)96   12×8の
   96←かけ算のくり
    0   上がりに注意
```

7 3けたと2けたのわり算

りかい

本さつ10ページ

①
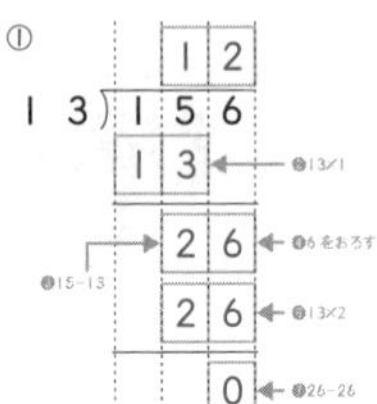
1 2
1 3)1 5 6
1 3
2 6
2 6
0

②
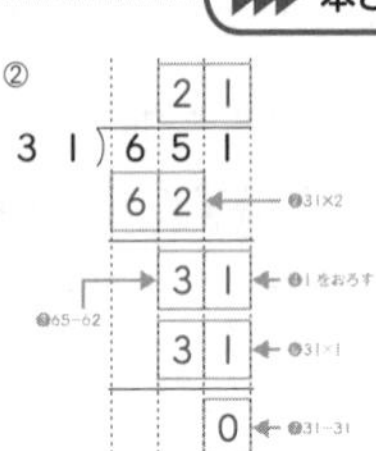
2 1
3 1)6 5 1
6 2
3 1
3 1
0

③
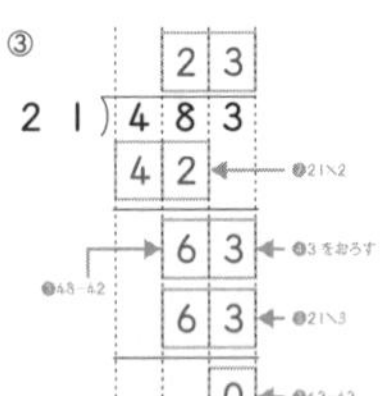
2 3
2 1)4 8 3
4 2
6 3
6 3
0

④
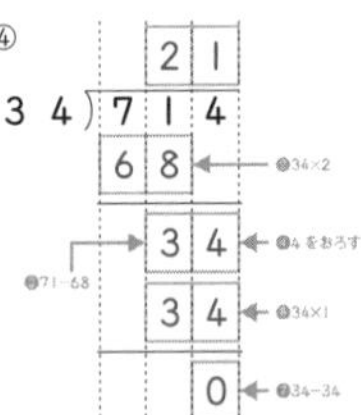
2 1
3 4)7 1 4
6 8
3 4
3 4
0

8 3けたと2けたのわり算

練習

本さつ11ページ

① 32　② 21　③ 21　④ 11
⑤ 13　⑥ 21　⑦ 32　⑧ 11
⑨ 81　⑩ 12　⑪ 23　⑫ 23

ポイント

まず，わられる数の百の位と十の位に注目して，わり算をしましょう。次に，ひき算をして，一の位の数字をおろして，もう一度わり算をしましょう。

ここがニガテ

⑩と⑪と⑫には，かけ算するときにくり上がりがあったり，ひき算するときにくり下がりがあったりするので，注意しましょう。

例

⑪
```
      23
23)529
   46 ←52−46の
   69  ひき算のく
   69  り下がりに
    0  注意
```

⑫
```
      23
36)828
   72   36×3の
  108   かけ算のく
  108←り上がりに
    0   注意
```

9 3けたと2けたのわり算

練習

本さつ12ページ

① 24　② 11　③ 32　④ 13
⑤ 12　⑥ 13　⑦ 12　⑧ 12
⑨ 22　⑩ 14　⑪ 31　⑫ 13

10 3けたと2けたのわり算

練習

本さつ13ページ

① 23　② 14　③ 11　④ 11
⑤ 21　⑥ 16　⑦ 21　⑧ 12
⑨ 11　⑩ 13　⑪ 23　⑫ 12

ここがニガテ

⑩と⑪と⑫には，かけ算するときにくり上がりがあったり，ひき算するときにくり下がりがあったりするので，注意しましょう。

例

⑩
```
      13
15)195
   15   15×3の
   45   かけ算のく
   45←り上がりに
    0   注意
```

⑪
```
      23
18)414
   36 ←41−36の
   54  ひき算のく
   54  り下がりに
    0  注意
```

4けたと1けたのわり算

本さつ14ページ

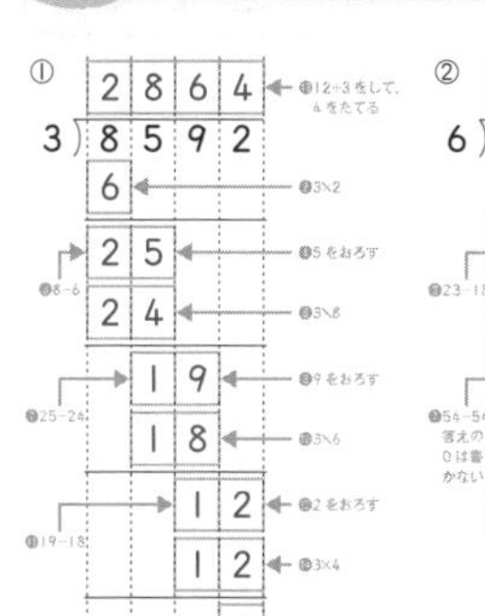

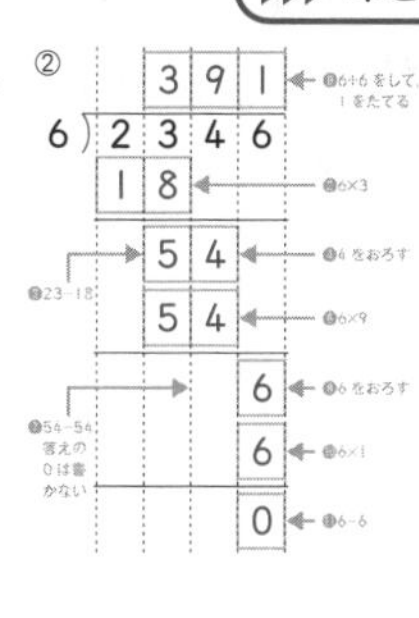

4けたと1けたのわり算

本さつ15ページ

① 1431　② 1685　③ 2357　④ 531
⑤ 668　⑥ 359　⑦ 655　⑧ 493
⑨ 857

ポイント

わられる数が大きくなっても，筆算のしかたは同じです。まず，わられる数の千の位と百の位に注目して，わり算をしましょう。

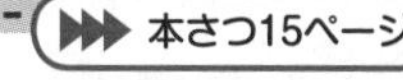

ここがニガテ

⑧と⑨には，ひき算をするときにくり下がりがあるので，注意しましょう。

計算のとちゅうにくり上がりやくり下がりのあるわり算

本さつ16ページ

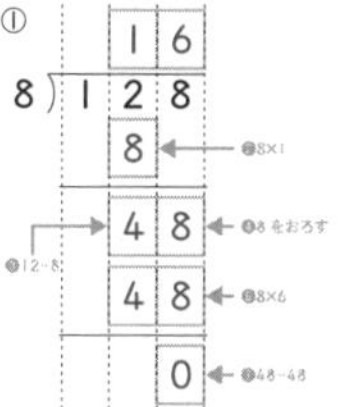

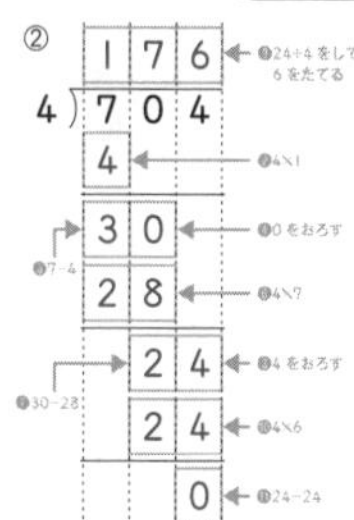

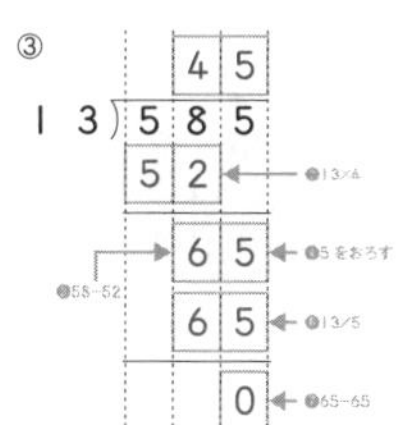

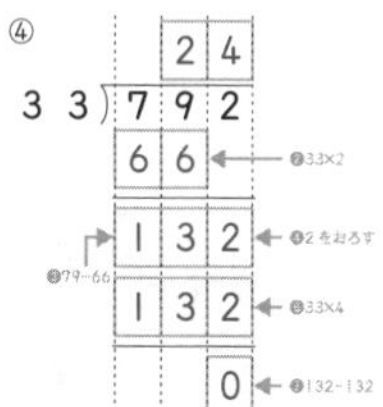

ここがニガテ

かけ算するときにくり上がりがあったり，ひき算するときにくり下がりがあったりするので，注意しましょう。

例

① 8)128 = 16
8 ←12−8の
48 ひき算のくり
48 下がりに注意
0

③ 13)585 = 45
52 ←13×4の
65 かけ算のくり
65 上がりに注意
0

計算のとちゅうにくり上がりやくり下がりのあるわり算

本さつ17ページ

① 19　② 15　③ 18　④ 18
⑤ 16　⑥ 17　⑦ 19　⑧ 19
⑨ 128　⑩ 136　⑪ 117　⑫ 129

計算のとちゅうにくり上がりやくり下がりのあるわり算

本さつ18ページ

① 15　② 21　③ 31　④ 52
⑤ 53　⑥ 25　⑦ 17　⑧ 29
⑨ 27　⑩ 899　⑪ 885　⑫ 386

16 わり算のまとめ たからばこのカギはどれ？

本さつ19ページ

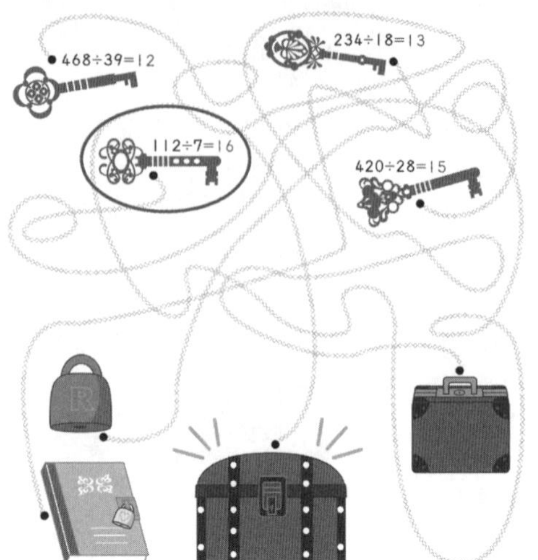
468÷39=12
234÷18=13
112÷7=16
420÷28=15

17 あまりがあるわり算 りかい

本さつ20ページ

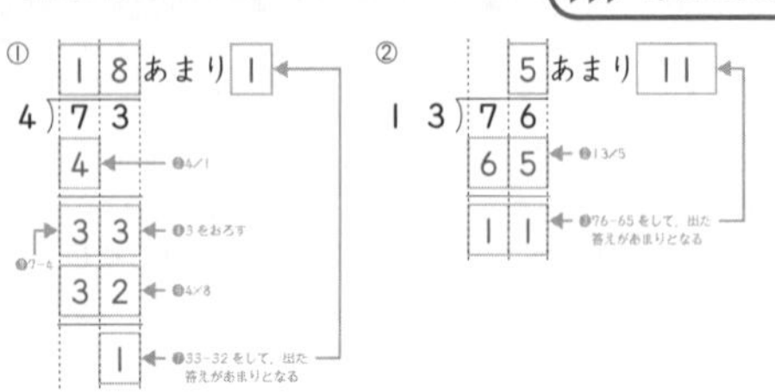
①
18 あまり 1
4)73
4
33
32
1
②
5 あまり 11
13)76
65
11

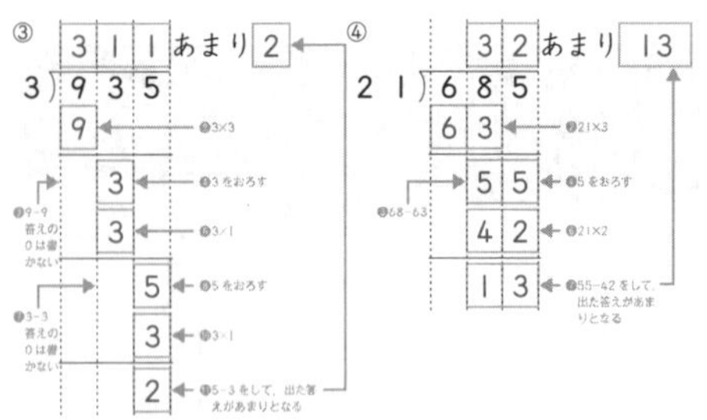
③
311 あまり 2
3)935
9
3
3
5
3
2
④
32 あまり 13
21)685
63
55
42
13

18 あまりがあるわり算

練習

本さつ21ページ

① 43 あまり 1　② 21 あまり 2
③ 31 あまり 2　④ 12 あまり 1
⑤ 12 あまり 3　⑥ 17 あまり 4
⑦ 23 あまり 2　⑧ 13 あまり 4
⑨ 234 あまり 1　⑩ 233 あまり 3
⑪ 56 あまり 4　⑫ 87 あまり 3

ポイント

まず，わられる数の百の位や十の位に注目して，わり算をしましょう。次に，ひき算をして，十の位や一の位の数字をおろして，わり算をしましょう。

ここがニガテ

あまりがあるので，注意しましょう。

19 あまりがあるわり算

練習

本さつ22ページ

① 3 あまり 2　② 2 あまり 13
③ 2 あまり 15　④ 2 あまり 9
⑤ 2 あまり 13　⑥ 4 あまり 13
⑦ 4 あまり 13　⑧ 3 あまり 9
⑨ 31 あまり 6　⑩ 34 あまり 9
⑪ 43 あまり 15　⑫ 25 あまり 15

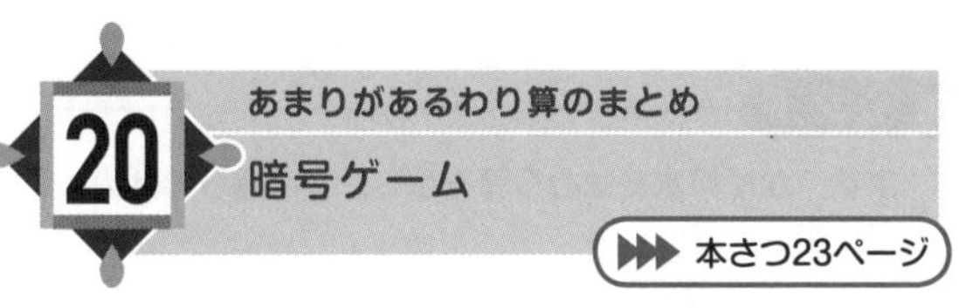
20
あまりがあるわり算のまとめ
暗号ゲーム
本さつ23ページ

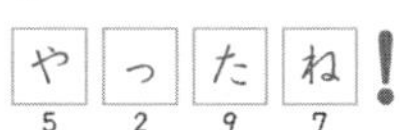
や っ た ね !
5 2 9 7

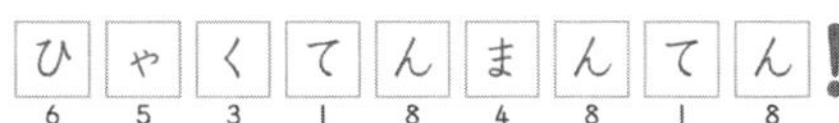
ひ ゃ く て ん ま ん て ん !
6 5 3 1 8 4 8 1 8

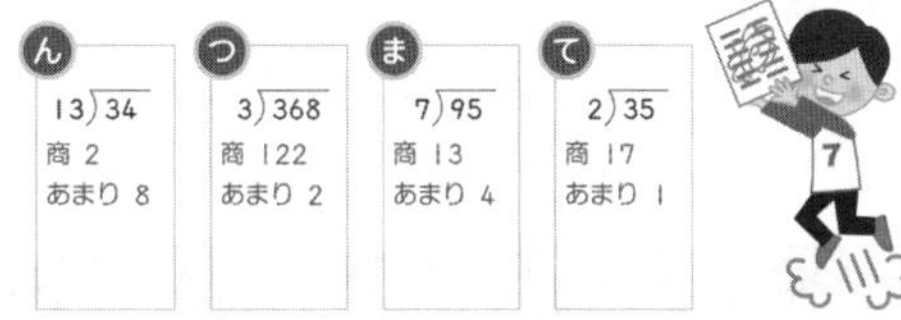
ん
13)34
商 2
あまり 8
つ
3)368
商 122
あまり 2
ま
7)95
商 13
あまり 4
て
2)35
商 17
あまり 1

や
17)73
商 4
あまり 5
た
27)873
商 32
あまり 9
ひ
21)69
商 3
あまり 6
ね
12)499
商 41
あまり 7
く
6)405
商 67
あまり 3

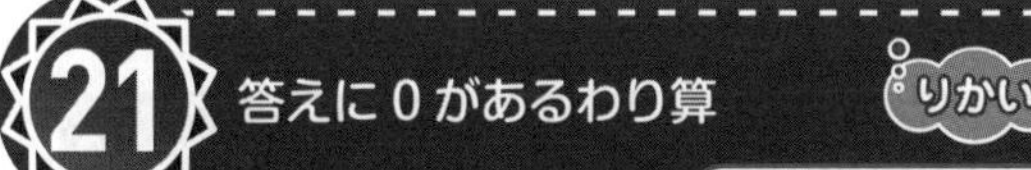
21
答えに 0 があるわり算
りかい
本さつ24ページ

①

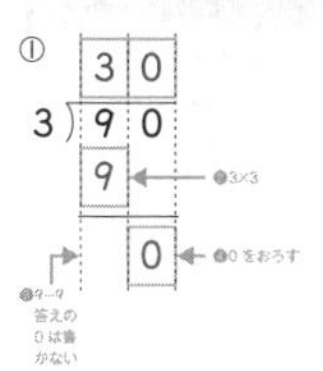
30
3)90
9
0

②

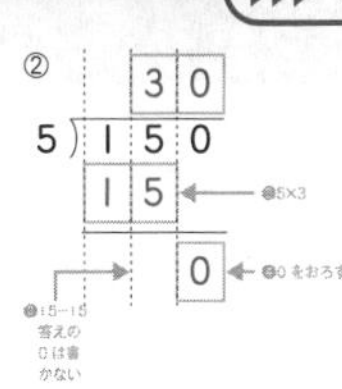
30
5)150
15
0

③

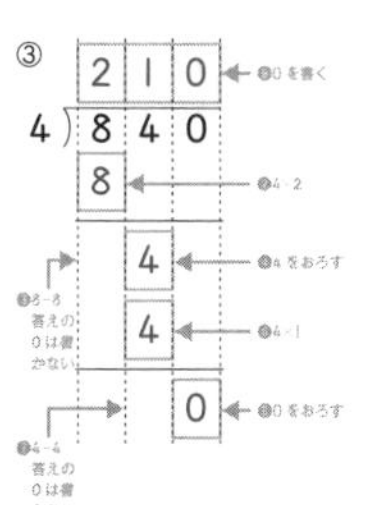
210
4)840
8
4
4
0

④

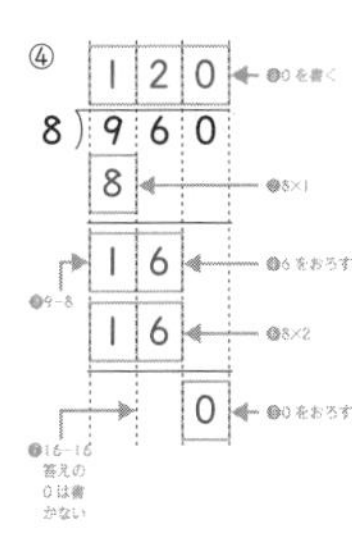
120
8)960
8
16
16
0

ここが ニガテ

商の一の位に 0 をつけることに注意しましょう。

例 ④ 120←一の位に 0 をつける

$$\begin{array}{r} 120 \\ 8\overline{)960} \\ 8 \\ \hline 16 \\ 16 \\ \hline 0 \end{array}$$

22 答えに 0 があるわり算

練習

本さつ25ページ

① 40	② 10	③ 20	④ 10
⑤ 30	⑥ 10	⑦ 20	⑧ 10
⑨ 30	⑩ 10	⑪ 10	⑫ 20

ポイント

わられる数の十の位に注目して，わり算をしましょう。

ここが ニガテ

商の一の位に 0 をつけることに注意しましょう。

23
答えに 0 があるわり算
練習
本さつ26ページ

① 210	② 120	③ 110	④ 100
⑤ 300	⑥ 200	⑦ 70	⑧ 60
⑨ 40	⑩ 120	⑪ 230	⑫ 130

24 答えに 0 があるわり算のまとめ

ハチのすめいろ

本さつ27ページ

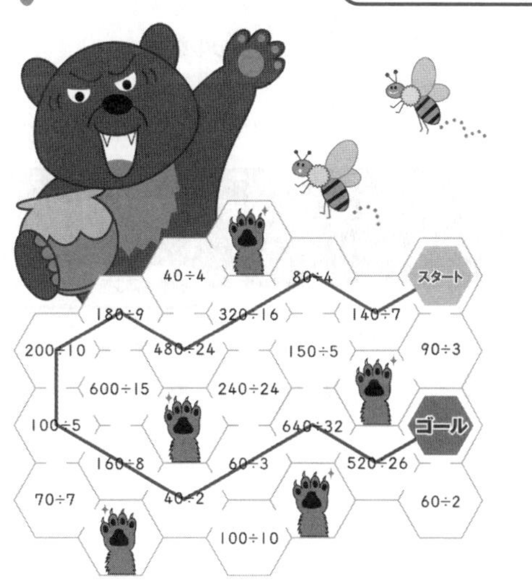
スタート
ゴール
40÷4
80÷4
180÷9
320÷16
140÷7
200÷10
480÷24
150÷5
90÷3
600÷15
240÷24
100÷5
640÷32
160÷8
60÷3
520÷26
70÷7
40÷2
60÷2
100÷10

25 ＋，－，×，÷がまじった計算 ①

りかい

本さつ28ページ

① 40, 60　② 2.8, 6.1　③ 4, 92
④ 14, 98　⑤ 6, 8　⑥ 45, 9

ポイント

まず，かっこの中の計算をして，次に残りの計算をしましょう。

例　③ 23×(55−51)
　=23×4 ←かっこの中を先に計算する
　=92

ここがニガテ

どこから計算するのか，順序に注意しましょう。

26 ＋，－，×，÷がまじった計算 ①

練習

本さつ29ページ

① 50　② 60　③ 3.5　④ 3.8
⑤ 81　⑥ 96　⑦ 88　⑧ 75
⑨ 7　⑩ 9　⑪ 4　⑫ 7

ポイント

まず，かっこの中の計算をして，次に残りの計算をしましょう。

例　⑩ 81÷(81−72)
　=81÷9 ←かっこの中を先に計算する
　=9

27 ＋，－，×，÷がまじった計算 ②

りかい

本さつ30ページ

① 24, 27　② 45, 63　③ 35, 52
④ 5, 18　⑤ 9, 24　⑥ 4, 8

ポイント

まず，かけ算またはわり算をして，次に残りの計算をしましょう。

例　③ 87−5×7
　=87−35 ←かけ算を先に計算する
　=52

ここがニガテ

どこから計算するのか，順序に注意しましょう。

28 ＋，－，×，÷がまじった計算 ②

練習

本さつ31ページ

① 29　② 78　③ 95　④ 27
⑤ 31　⑥ 17　⑦ 9　⑧ 34
⑨ 48　⑩ 22　⑪ 35　⑫ 17

29 ＋，－，×，÷がまじった計算 ③

りかい

本さつ32ページ

① 10, 7, 1　② 63, 32, 9　③ 25, 62, 9
④ 3, 29, 39　⑤ 8, 23, 22　⑥ 21, 7, 36

ポイント

まず，かっこの中のかけ算またはわり算をして，次にかっこの中の残りの計算をしましょう。最後に，残りの計算をしましょう。

例　④ 68−(32−24÷8)
　=68−(32−3) ←かっこの中のわり算を先に計算する
　=68−29 ←かっこの中を計算する
　=39

ここがニガテ

どこから計算するのか，順序に注意しましょう。

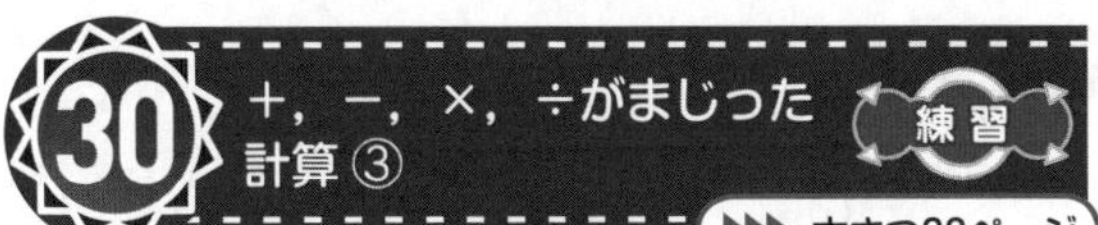

30 +，−，×，÷がまじった計算③　練習

本さつ33ページ

① 25　② 31　③ 18　④ 24
⑤ 14　⑥ 43　⑦ 15　⑧ 38
⑨ 27　⑩ 47　⑪ 19　⑫ 39

31 +，−，×，÷がまじった計算④　りかい

本さつ34ページ

① 100, 138　② 3.8, 2.6, 10, 13.8
③ 10, 130　④ 13, 5, 10, 130
⑤ 68, 32, 100, 700　⑥ 2, 2, 24, 1224

ポイント

計算のきまりを使って，くふうして計算をしましょう。

例 ⑤ 68×7+32×7 ←ひとつにまとめる
=(68+32)×7
=100×7 ←かっこの中を計算する
=700

32 +，−，×，÷がまじった計算④　練習

本さつ35ページ

① 96　② 96　③ 17.7　④ 680
⑤ 820　⑥ 5700　⑦ 900　⑧ 2800
⑨ 640　⑩ 2037　⑪ 1428　⑫ 1386

ここがニガテ

どこから計算すると一の位が0になるのか考えて計算しましょう。また，式をまとめたり，式をわけて，くふうして計算しましょう。

33 +，−，×，÷がまじった計算④　練習

本さつ36ページ

① 187　② 85　③ 16.5　④ 840
⑤ 8600　⑥ 6100　⑦ 250　⑧ 3100
⑨ 860　⑩ 2222　⑪ 3038　⑫ 2277

34 +，−，×，÷がまじった計算のまとめ　どんぐりのあみだくじ

本さつ37ページ

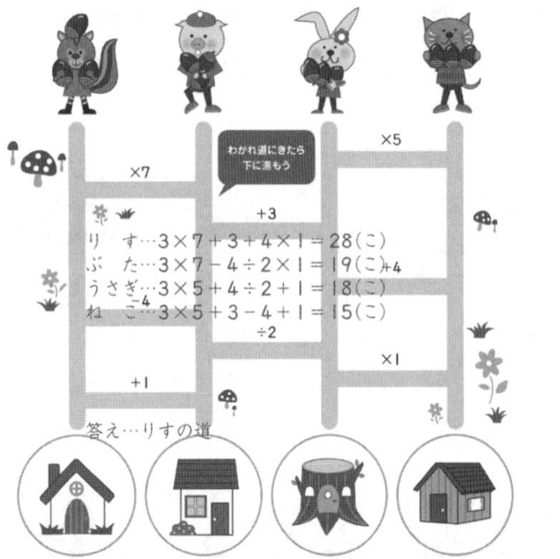

わかれ道にきたら下に進もう
×7
+3
×5
+4
−4
÷2
×1
+1
りす…3×7+3+4×1=28(こ)
ぶた…3×7−4÷2×1=19(こ)
うさぎ…3×5+4÷2+1=18(こ)
ねこ…3×5+3−4+1=15(こ)
答え…りすの道

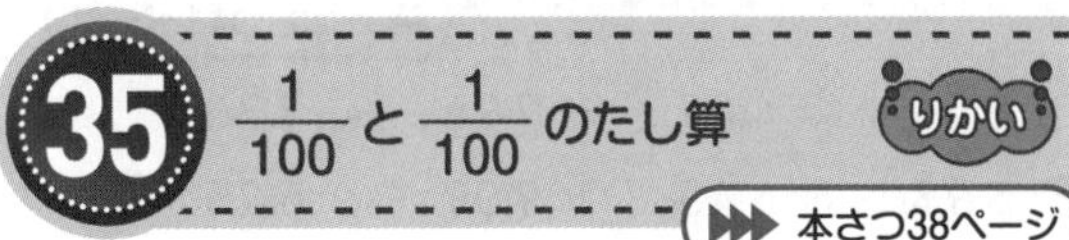

35 $\frac{1}{100}$と$\frac{1}{100}$のたし算　りかい

本さつ38ページ

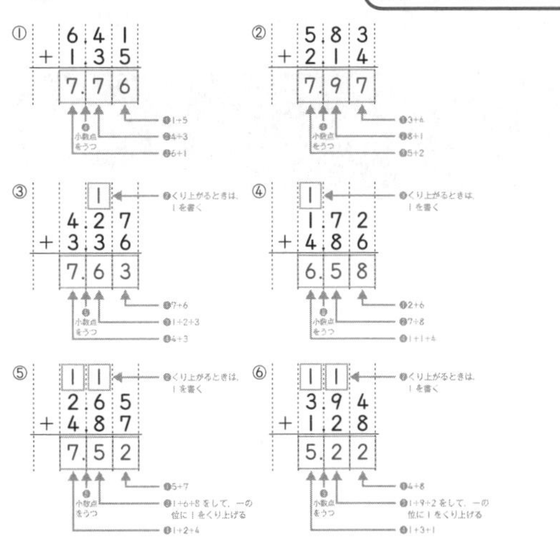

① 6.41 + 1.35 = 7.76
② 5.83 + 2.14 = 7.97
③ 4.27 + 3.36 = 7.63
④ 1.72 + 4.86 = 6.58
⑤ 2.65 + 4.87 = 7.52
⑥ 3.94 + 1.28 = 5.22
小数点をうつ
くり上がるときは，1を書く

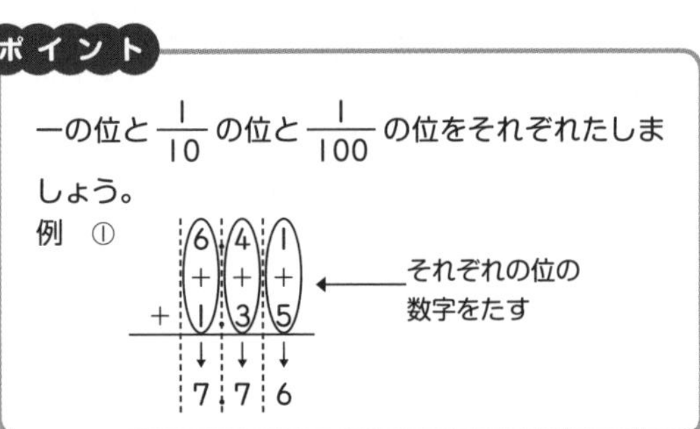

ポイント

一の位と$\frac{1}{10}$の位と$\frac{1}{100}$の位をそれぞれたしましょう。

例 ①

6.41 + 1.35 = 7.76
それぞれの位の数字をたす

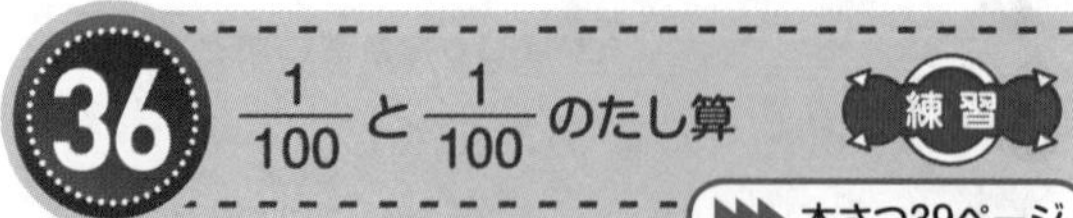

36 $\frac{1}{100}$と$\frac{1}{100}$のたし算 練習

▶▶▶ 本さつ39ページ

① 5.88　② 9.19　③ 9.78　④ 9.64
⑤ 6.91　⑥ 1.91　⑦ 9.27　⑧ 7.24
⑨ 8.29　⑩ 4.31　⑪ 8.11　⑫ 9.06

37 $\frac{1}{100}$と$\frac{1}{100}$のたし算

▶▶▶ 本さつ40ページ

① 9.47　② 4.88　③ 9.98　④ 5.83
⑤ 9.44　⑥ 5.65　⑦ 9.24　⑧ 9.47
⑨ 8.24　⑩ 9.51　⑪ 5.12　⑫ 7.01

38 $\frac{1}{100}$と$\frac{1}{100}$のたし算 練習

▶▶▶ 本さつ41ページ

① 8.58　② 4.89　③ 7.96　④ 7.36
⑤ 8.93　⑥ 6.43　⑦ 9.09　⑧ 6.25
⑨ 8.36　⑩ 9.11　⑪ 9.81　⑫ 7.02

39 $\frac{1}{10}$と$\frac{1}{100}$のたし算 りかい

▶▶▶ 本さつ42ページ

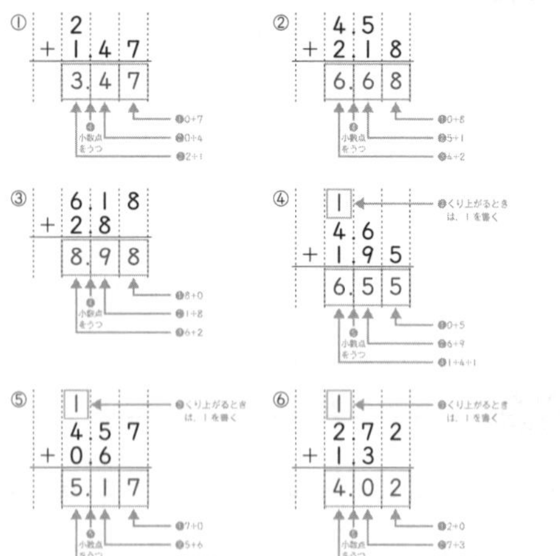

① 2 + 1.47 = 3.47
② 4.5 + 2.18 = 6.68
③ 6.18 + 2.8 = 8.98
④ 4.6 + 1.95 = 6.55
⑤ 4.57 + 0.6 = 5.17
⑥ 2.72 + 1.3 = 4.02
小数点をうつ
くり上がるときは、1を書く

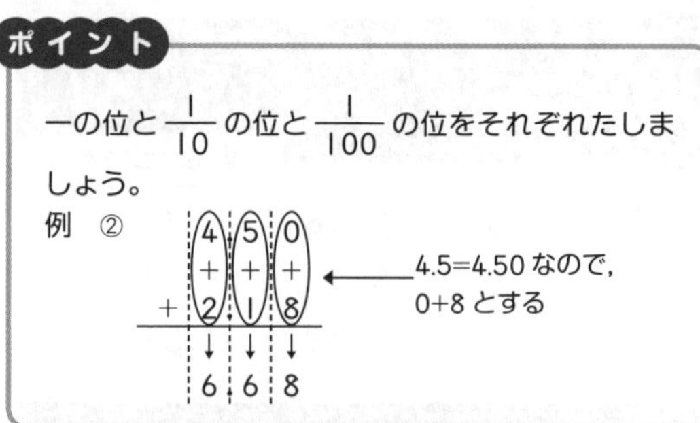

ポイント
一の位と$\frac{1}{10}$の位と$\frac{1}{100}$の位をそれぞれたしましょう。
例 ②
4.5=4.50 なので，0+8 とする

40 $\frac{1}{10}$と$\frac{1}{100}$のたし算 練習

▶▶▶ 本さつ43ページ

① 5.71　② 9.96　③ 8.72　④ 8.74
⑤ 9.97　⑥ 7.98　⑦ 8.35　⑧ 7.53
⑨ 8.19　⑩ 9.51　⑪ 6.22　⑫ 9.01

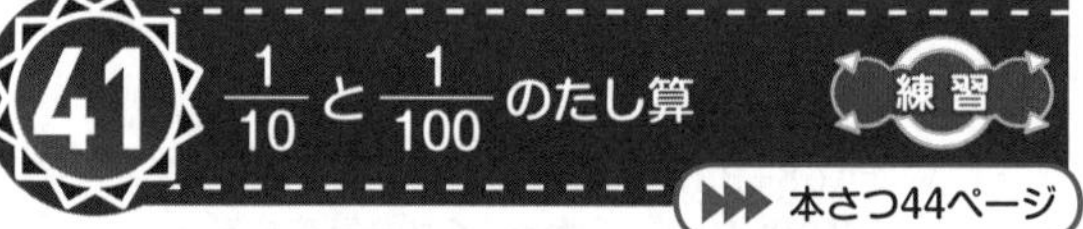

41 $\frac{1}{10}$と$\frac{1}{100}$のたし算 練習

▶▶▶ 本さつ44ページ

① 7.83　② 5.88　③ 9.85　④ 8.94
⑤ 7.36　⑥ 6.07　⑦ 8.02　⑧ 7.71
⑨ 7.39　⑩ 6.44　⑪ 5.16　⑫ 9.27

42 $\frac{1}{10}$と$\frac{1}{100}$のたし算のまとめ にがした魚は大きい！？

▶▶▶ 本さつ45ページ

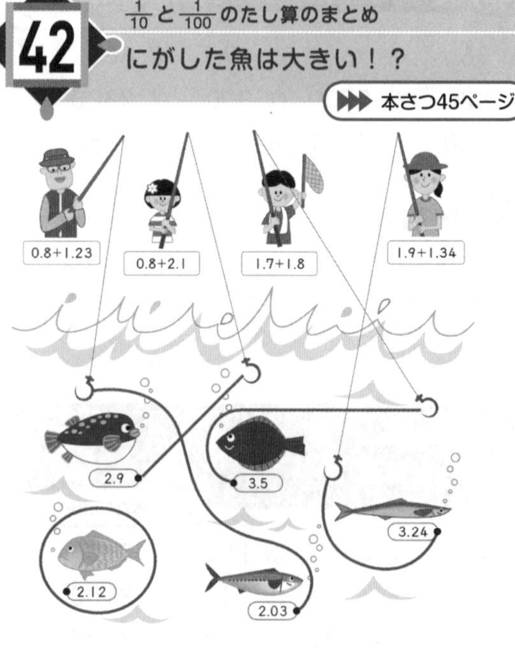

0.8+1.23
0.8+2.1
1.7+1.8
1.9+1.34
2.9
3.5
3.24
2.12
2.03

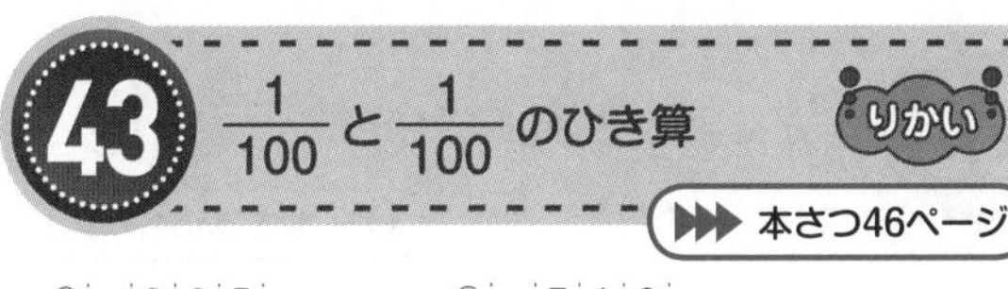
43
$\frac{1}{100}$と$\frac{1}{100}$のひき算
りかい
本さつ46ページ

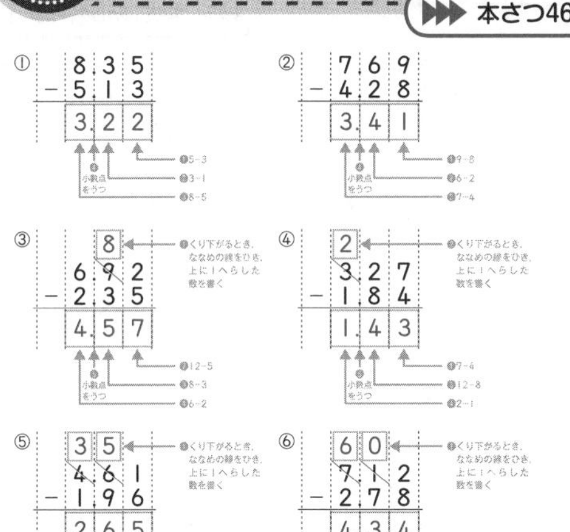
① 8.35 − 5.13 = 3.22
② 7.69 − 4.28 = 3.41
③ 6.92 − 2.35 = 4.57
④ 3.27 − 1.84 = 1.43
⑤ 4.61 − 1.96 = 2.65
⑥ 7.12 − 2.78 = 4.34
小数点をうつ
くり下がるとき、ななめの線をひき、上に1へらした数を書く

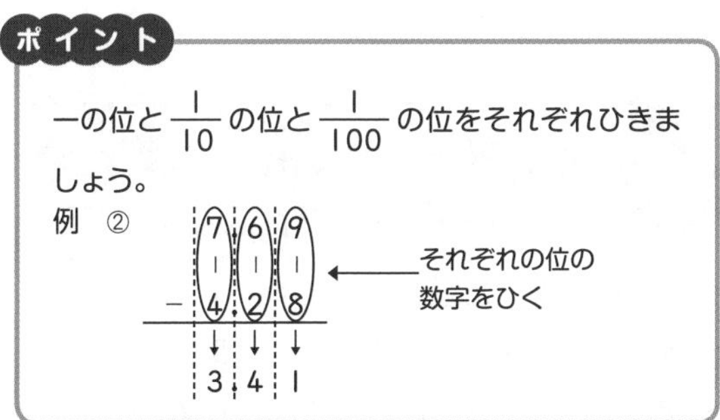
ポイント
一の位と$\frac{1}{10}$の位と$\frac{1}{100}$の位をそれぞれひきましょう。
例 ②
7.69 − 4.28 = 3.41
それぞれの位の数字をひく

44
$\frac{1}{100}$と$\frac{1}{100}$のひき算
練習
本さつ47ページ

① 1.35　② 4.04　③ 2.11　④ 1.39
⑤ 1.13　⑥ 3.36　⑦ 1.45　⑧ 1.82
⑨ 2.41　⑩ 2.98　⑪ 4.76　⑫ 3.67

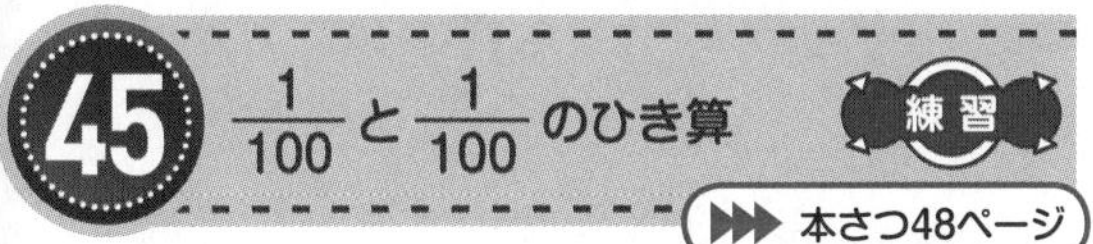
45
$\frac{1}{100}$と$\frac{1}{100}$のひき算
練習
本さつ48ページ

① 2.22　② 2.12　③ 1.21　④ 3.33
⑤ 5.07　⑥ 2.18　⑦ 0.53　⑧ 1.68
⑨ 1.73　⑩ 3.63　⑪ 5.88　⑫ 2.56

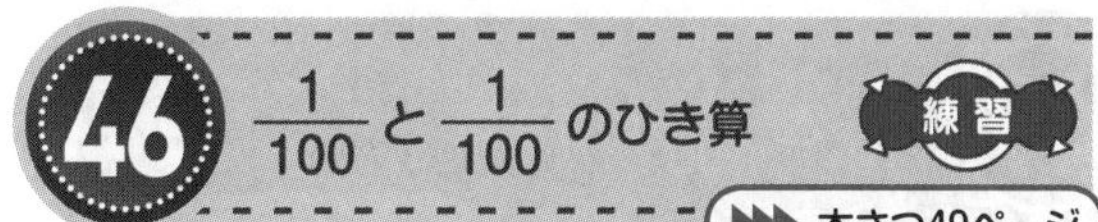
46
$\frac{1}{100}$と$\frac{1}{100}$のひき算
練習
本さつ49ページ

① 2.24　② 2.13　③ 2.31　④ 1.45
⑤ 1.16　⑥ 3.33　⑦ 1.63　⑧ 2.32
⑨ 2.43　⑩ 3.89　⑪ 1.56　⑫ 6.69

47
$\frac{1}{10}$と$\frac{1}{100}$のひき算
りかい
本さつ50ページ

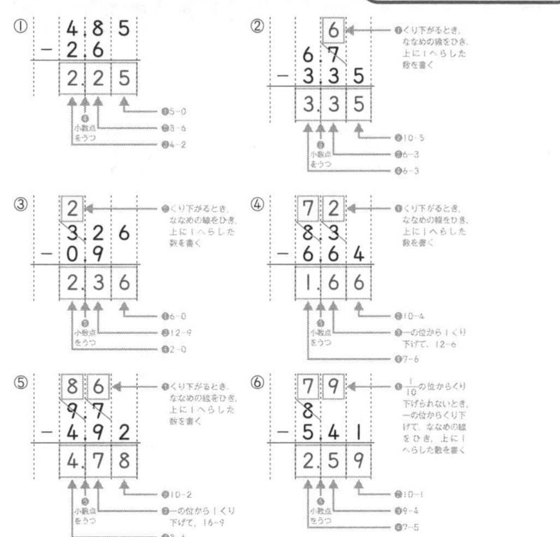
① 4.85 − 2.6 = 2.25
② 6.7 − 3.35 = 3.35
③ 3.26 − 0.9 = 2.36
④ 8.3 − 6.64 = 1.66
⑤ 9.7 − 4.92 = 4.78
⑥ 8 − 5.41 = 2.59
小数点をうつ
くり下がるとき、ななめの線をひき、上に1へらした数を書く

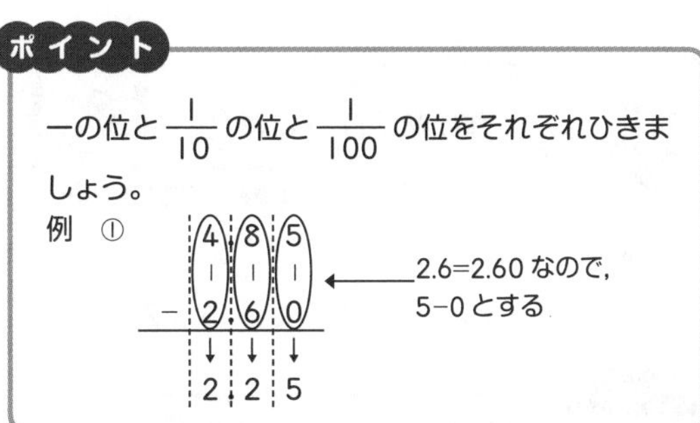
ポイント
一の位と$\frac{1}{10}$の位と$\frac{1}{100}$の位をそれぞれひきましょう。
例 ①
4.85 − 2.60 = 2.25
2.6=2.60 なので、5−0とする

48
$\frac{1}{10}$と$\frac{1}{100}$のひき算
練習
本さつ51ページ

① 2.31　② 1.48　③ 2.31　④ 4.37
⑤ 4.19　⑥ 1.44　⑦ 2.46　⑧ 3.95
⑨ 2.73　⑩ 0.65　⑪ 6.72　⑫ 2.61

49 $\frac{1}{10}$ と $\frac{1}{100}$ のひき算 練習

▶▶▶ 本さつ52ページ

① 2.21　② 2.22　③ 2.13　④ 4.23
⑤ 3.56　⑥ 3.18　⑦ 1.66　⑧ 1.97
⑨ 2.34　⑩ 3.61　⑪ 2.65　⑫ 4.54

50 $\frac{1}{10}$ と $\frac{1}{100}$ のひき算のまとめ どっちの車にのろうかな？

▶▶▶ 本さつ53ページ

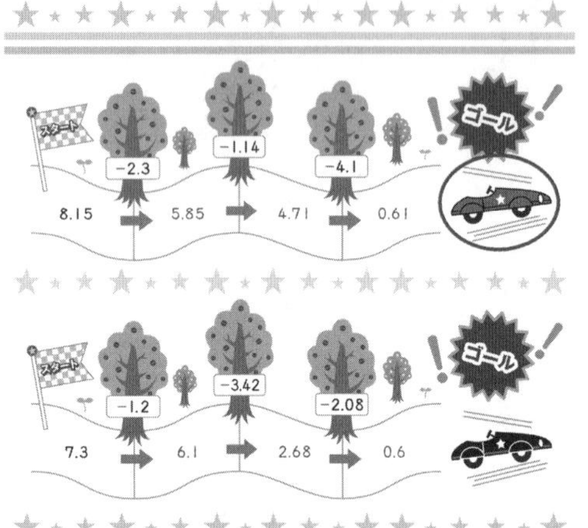

スタート
−2.3
−1.14
−4.1
ゴール
8.15
5.85
4.71
0.61
スタート
−1.2
−3.42
−2.08
ゴール
7.3
6.1
2.68
0.6

51 $\frac{1}{10}$ に整数をかける計算 ① りかい

▶▶▶ 本さつ54ページ

① 1.8　② 2.1　③ 7.2　④ 8.1
⑤ 4.8　⑥ 6.9　⑦ 7.8　⑧ 12.8

ポイント

小数点を考えないでかけ算をして，出てきた答えの一の位と十の位の間に小数点をうちましょう。

52 $\frac{1}{10}$ に整数をかける計算 ① 練習

▶▶▶ 本さつ55ページ

① 5.6　② 3.6　③ 3　④ 3.9
⑤ 6.6　⑥ 8.4　⑦ 6.4　⑧ 8.4
⑨ 9　⑩ 7.8　⑪ 16.8　⑫ 48.8
⑬ 21.9　⑭ 15.2　⑮ 11.2　⑯ 11.1
⑰ 23.4　⑱ 21.6　⑲ 51.1　⑳ 3.6

53 $\frac{1}{10}$ に整数をかける計算 ② りかい

▶▶▶ 本さつ56ページ

① 1.2 × 24 → (10倍) 12 × 24
48 / 24 / 28.8 ←($\frac{1}{10}$倍)← 48 / 24 / 288
右から1けたの位置に小数点をうつ

② 1.7 × 29 → (10倍) 17 × 29
153 / 34 / 49.3 ←($\frac{1}{10}$倍)← 153 / 34 / 493
右から1けたの位置に小数点をうつ

③ 2.1 × 11 → (10倍) 21 × 11
21 / 21 / 23.1 ←($\frac{1}{10}$倍)← 21 / 21 / 231
右から1けたの位置に小数点をうつ

④ 12.5 × 30 → (10倍) 125 × 30
000 / 375 / 375.0 ←($\frac{1}{10}$倍)← 000 / 375 / 3750
右から1けたの位置に小数点をうち，0を消す

54 $\frac{1}{10}$ に整数をかける計算 ② 練習

▶▶▶ 本さつ57ページ

① 37.4　② 88.2　③ 33.8　④ 55.2
⑤ 93.8　⑥ 89.6　⑦ 96　⑧ 96
⑨ 83.2　⑩ 103.6　⑪ 127.4　⑫ 423.4

55 あまりのない，$\frac{1}{10}$ を整数でわる計算 りかい

▶▶▶ 本さつ58ページ

①
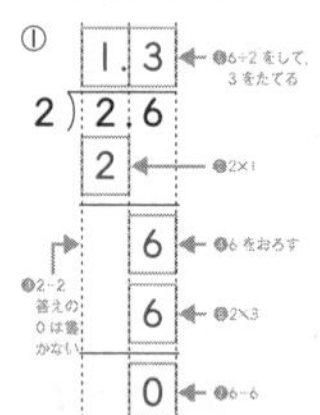

1.3
2)2.6
2
6
6
0
❶6÷2をして，3をたてる
❷2×1
❸6をおろす
❹2×3
❺6−6
❻2−2 答えの0は書かない

②
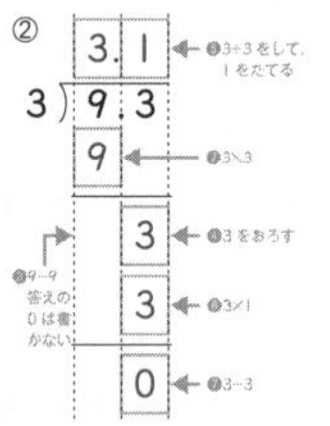

3.1
3)9.3
9
3
3
0
❶3÷3をして，1をたてる
❷3×3
❸3をおろす
❹3×1
❺3−3
❻9−9 答えの0は書かない

③
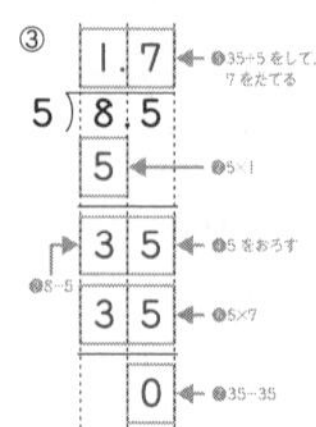

1.7
5)8.5
5
35
35
0
❶35÷5をして，7をたてる
❷5×1
❸5をおろす
❹5×7
❺35−35
❻8−5

④
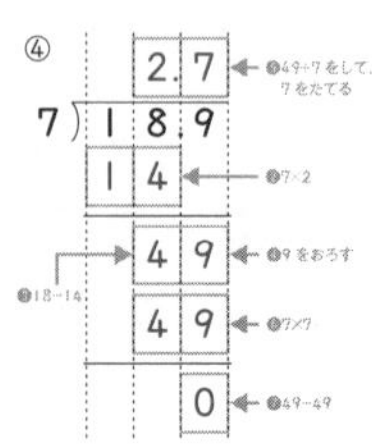

2.7
7)18.9
14
49
49
0
❶49÷7をして，7をたてる
❷7×2
❸9をおろす
❹7×7
❺49−49
❻18−14

56 あまりのない，$\frac{1}{10}$を整数でわる計算 練習

本さつ59ページ

① 2.1　② 1.1　③ 3.2　④ 1.2
⑤ 2.4　⑥ 2.9　⑦ 1.6　⑧ 3.9
⑨ 1.5　⑩ 1.4　⑪ 4.3　⑫ 5.3

57 あまりのない，$\frac{1}{10}$を整数でわる計算 練習

本さつ60ページ

① 1.1　② 1.2　③ 4.3　④ 1.3
⑤ 1.9　⑥ 2.8　⑦ 1.2　⑧ 4.7
⑨ 1.9　⑩ 1.8　⑪ 2.2　⑫ 3.2

58 あまりのない，$\frac{1}{10}$を整数でわる計算 練習

本さつ61ページ

① 1.3　② 1.1　③ 1.4　④ 1.3
⑤ 1.8　⑥ 1.2　⑦ 1.4　⑧ 3.7
⑨ 2.5　⑩ 1.4　⑪ 7.8　⑫ 3.9

59 あまりのある，$\frac{1}{10}$を整数でわる計算 りかい

本さつ62ページ

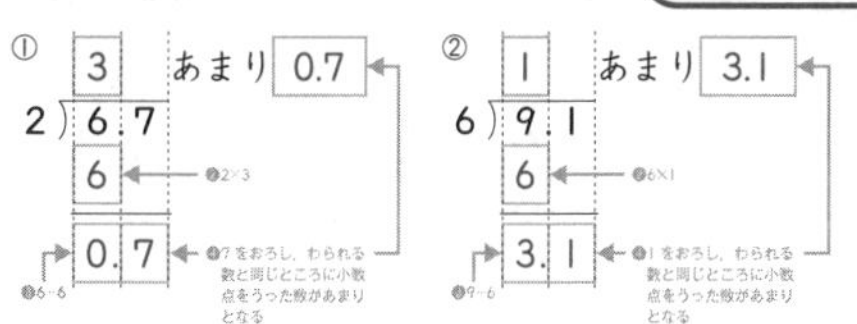

①
3 あまり 0.7
2)6.7
6
0.7
②
1 あまり 3.1
6)9.1
6
3.1

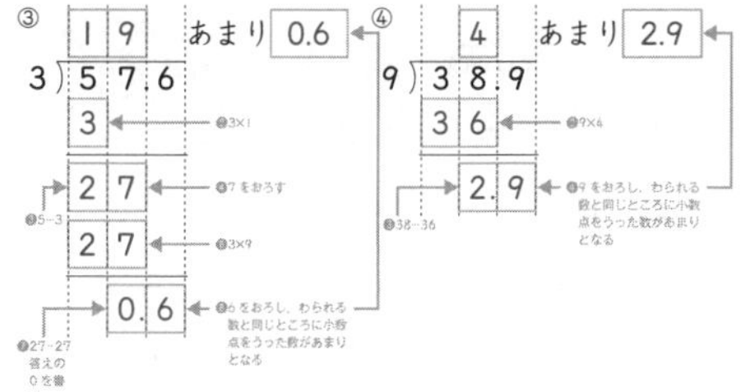

③
19 あまり 0.6
3)57.6
3
27
27
0.6
④
4 あまり 2.9
9)38.9
36
2.9

60 あまりのある，$\frac{1}{10}$を整数でわる計算 練習

本さつ63ページ

① 1 あまり 0.8　② 4 あまり 0.3
③ 3 あまり 0.5　④ 1 あまり 1.4
⑤ 1 あまり 1.8　⑥ 1 あまり 1.7
⑦ 2 あまり 1.6　⑧ 1 あまり 3.4
⑨ 1 あまり 3.1　⑩ 3 あまり 3.8
⑪ 6 あまり 2.3　⑫ 5 あまり 6.1

ポイント

小数のわり算であまりを考えるとき，わられる数と同じ場所に小数点をうちましょう。

例 ⑫

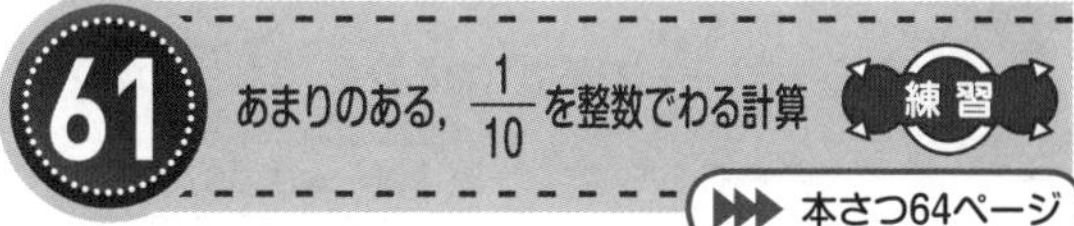

5 あまり 6.1
7)41.1
35
6.1
小数点は，わられる数と同じ位置

61 あまりのある，$\frac{1}{10}$を整数でわる計算 練習

本さつ64ページ

① 1 あまり 0.9　② 1 あまり 0.9
③ 2 あまり 0.7　④ 1 あまり 1.6
⑤ 1 あまり 2.9　⑥ 1 あまり 3.4
⑦ 2 あまり 1.5　⑧ 3 あまり 1.1
⑨ 1 あまり 2.2　⑩ 5 あまり 3.7
⑪ 5 あまり 6.9　⑫ 8 あまり 4.1

62 あまりのある，$\frac{1}{10}$を整数でわる計算 練習

本さつ65ページ

① 1 あまり 0.8　② 1 あまり 0.6
③ 2 あまり 0.7　④ 1 あまり 1.9
⑤ 1 あまり 2.4　⑥ 2 あまり 1.9
⑦ 1 あまり 2.9　⑧ 1 あまり 4.2
⑨ 2 あまり 1.1　⑩ 4 あまり 3.5
⑪ 4 あまり 3.7　⑫ 6 あまり 3.1

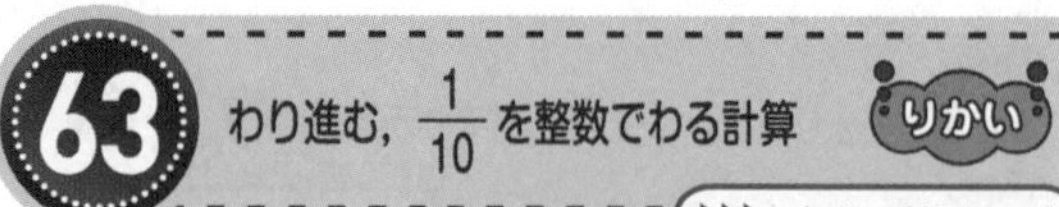

63 わり進む，$\frac{1}{10}$ を整数でわる計算 りかい

▶▶▶ 本さつ66ページ

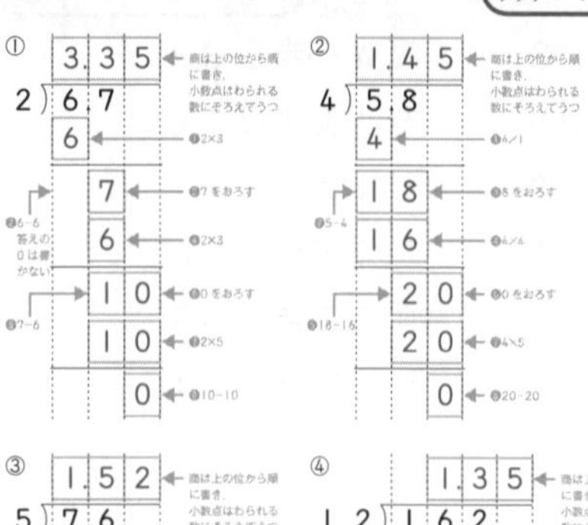

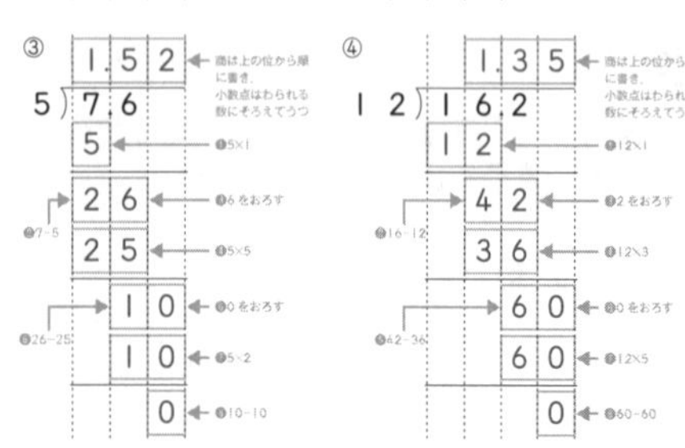

64 わり進む，$\frac{1}{10}$ を整数でわる計算 練習

▶▶▶ 本さつ67ページ

① 1.18	② 2.45	③ 1.85	④ 1.55
⑤ 1.64	⑥ 3.65	⑦ 0.75	⑧ 1.35
⑨ 6.45	⑩ 4.85	⑪ 1.15	⑫ 2.35

65 わり進む，$\frac{1}{10}$ を整数でわる計算 練習

▶▶▶ 本さつ68ページ

① 2.15	② 1.15	③ 1.46	④ 3.85
⑤ 1.96	⑥ 1.25	⑦ 0.85	⑧ 1.15
⑨ 8.45	⑩ 7.85	⑪ 1.35	⑫ 1.64

66 わり進む，$\frac{1}{10}$ を整数でわる計算 練習

▶▶▶ 本さつ69ページ

① 1.15	② 4.15	③ 1.45	④ 1.72
⑤ 1.65	⑥ 2.75	⑦ 0.35	⑧ 1.35
⑨ 6.32	⑩ 3.95	⑪ 3.65	⑫ 1.85

67 答えが小数になるわり算

▶▶▶ 本さつ70ページ

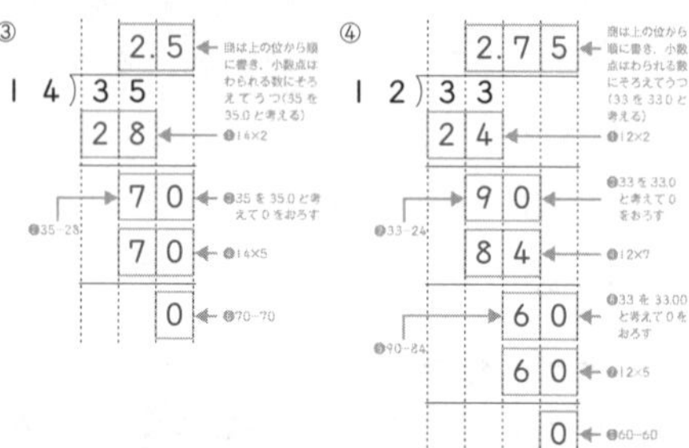

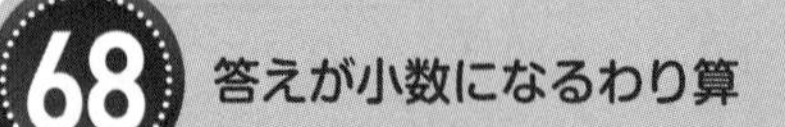

68 答えが小数になるわり算

▶▶▶ 本さつ71ページ

① 1.5	② 1.2	③ 2.25	④ 1.5
⑤ 2.5	⑥ 0.75	⑦ 7.5	⑧ 3.4
⑨ 2.5	⑩ 5.5	⑪ 3.5	⑫ 5.25

ポイント

わられる数の一の位のうしろには小数点と 0 がついていると考えてわり算をし，商には，わられる数と同じ場所に小数点をうちましょう。

69 答えが小数になるわり算

▶▶▶ 本さつ72ページ

① 1.5	② 2.5	③ 3.5	④ 1.5
⑤ 1.75	⑥ 1.25	⑦ 0.4	⑧ 0.35
⑨ 0.75	⑩ 0.25	⑪ 0.25	⑫ 0.36

70 答えが小数になるわり算 練習

▶▶▶ 本さつ73ページ

① 4.5	② 0.6	③ 0.75	④ 4.5
⑤ 8.5	⑥ 6.8	⑦ 3.5	⑧ 3.75
⑨ 2.75	⑩ 0.4	⑪ 0.6	⑫ 0.24

71 分数と分数のたし算 ①

りかい

▶▶▶ 本さつ74ページ

① $\frac{2}{3}$　② $\frac{3}{5}$

③ $\frac{8}{8}$, 1　④ $\frac{11}{9}$, $1\frac{2}{9}$

ポイント

分数のたし算は，分子をたし算し，分母はもとの数字をそのまま書きましょう。

例　② $\frac{1}{5}+\frac{2}{5}=\frac{3}{5}$ ←分子のみたし算する　←分母はそのまま

72 分数と分数のたし算 ①

練習

▶▶▶ 本さつ75ページ

① $\frac{3}{4}$　② $\frac{4}{5}$　③ $\frac{5}{7}$　④ $\frac{5}{6}$

⑤ $\frac{4}{8}\left(\frac{1}{2}\right)$　⑥ $\frac{7}{9}$　⑦ $\frac{4}{5}$　⑧ $\frac{6}{7}$

⑨ 1　⑩ 1　⑪ $\frac{7}{6}\left(1\frac{1}{6}\right)$

⑫ $\frac{6}{5}\left(1\frac{1}{5}\right)$　⑬ $\frac{8}{7}\left(1\frac{1}{7}\right)$　⑭ $\frac{9}{8}\left(1\frac{1}{8}\right)$

⑮ $\frac{11}{9}\left(1\frac{2}{9}\right)$　⑯ $\frac{12}{8}\left(1\frac{4}{8}, \frac{3}{2}, 1\frac{1}{2}\right)$

73 分数と分数のたし算 ①

練習

▶▶▶ 本さつ76ページ

① $\frac{3}{5}$　② $\frac{5}{6}$　③ $\frac{6}{7}$　④ $\frac{7}{8}$　⑤ $\frac{5}{9}$

⑥ $\frac{3}{4}$　⑦ $\frac{3}{6}\left(\frac{1}{2}\right)$　⑧ $\frac{5}{8}$　⑨ 1

⑩ 1　⑪ $\frac{4}{3}\left(1\frac{1}{3}\right)$　⑫ $\frac{9}{7}\left(1\frac{2}{7}\right)$

⑬ $\frac{7}{6}\left(1\frac{1}{6}\right)$　⑭ $\frac{6}{4}\left(1\frac{2}{4}, \frac{3}{2}, 1\frac{1}{2}\right)$

⑮ $\frac{13}{9}\left(1\frac{4}{9}\right)$　⑯ $\frac{11}{7}\left(1\frac{4}{7}\right)$

74 分数と分数のたし算 ①

練習

▶▶▶ 本さつ77ページ

① $\frac{4}{6}\left(\frac{2}{3}\right)$　② $\frac{2}{5}$　③ $\frac{7}{8}$　④ $\frac{4}{7}$

⑤ $\frac{7}{9}$　⑥ $\frac{2}{3}$　⑦ $\frac{6}{7}$　⑧ $\frac{3}{8}$

⑨ 1　⑩ 1　⑪ $\frac{9}{6}\left(1\frac{3}{6}, \frac{3}{2}, 1\frac{1}{2}\right)$

⑫ $\frac{6}{5}\left(1\frac{1}{5}\right)$　⑬ $\frac{8}{7}\left(1\frac{1}{7}\right)$

⑭ $\frac{8}{6}\left(1\frac{2}{6}, \frac{4}{3}, 1\frac{1}{3}\right)$　⑮ $\frac{15}{9}\left(1\frac{6}{9}, \frac{5}{3}, 1\frac{2}{3}\right)$

⑯ $\frac{10}{6}\left(1\frac{4}{6}, \frac{5}{3}, 1\frac{2}{3}\right)$

75 分数と分数，整数と分数のひき算 ①

りかい

▶▶▶ 本さつ78ページ

① $\frac{1}{3}$　② $\frac{3}{6}\left(\frac{1}{2}\right)$

③ $\frac{5}{5}, \frac{2}{5}, \frac{3}{5}$　④ $\frac{8}{4}, \frac{3}{4}, \frac{5}{4}, 1\frac{1}{4}$

ポイント

分数のひき算は，分子をひき算し，分母はもとの数字をそのまま書きましょう。整数は，仮分数になおしてから計算しましょう。

76 分数と分数，整数と分数のひき算 ①

練習

▶▶▶ 本さつ79ページ

① $\frac{1}{4}$　② $\frac{3}{5}$　③ $\frac{2}{6}\left(\frac{1}{3}\right)$　④ $\frac{2}{8}\left(\frac{1}{4}\right)$

⑤ $\frac{4}{9}$　⑥ $\frac{2}{7}$　⑦ $\frac{1}{6}$　⑧ $\frac{3}{8}$

⑨ $\frac{1}{5}$　⑩ $\frac{3}{7}$　⑪ $\frac{5}{9}$　⑫ $\frac{2}{6}\left(\frac{1}{3}\right)$

⑬ $\frac{2}{4}\left(\frac{1}{2}\right)$　⑭ $\frac{5}{8}$　⑮ $\frac{2}{9}$　⑯ $\frac{4}{7}$

77 分数と分数，整数と分数のひき算 ①

練習

本さつ80ページ

① $\frac{1}{2}$　② $\frac{2}{3}$　③ $\frac{1}{4}$　④ $\frac{5}{6}$　⑤ $\frac{5}{8}$　⑥ $\frac{7}{9}$

⑦ $\frac{2}{7}$　⑧ $\frac{1}{5}$　⑨ $\frac{3}{2}\left(1\frac{1}{2}\right)$　⑩ $\frac{4}{3}\left(1\frac{1}{3}\right)$

⑪ $\frac{7}{4}\left(1\frac{3}{4}\right)$　⑫ $\frac{7}{6}\left(1\frac{1}{6}\right)$　⑬ $\frac{9}{8}\left(1\frac{1}{8}\right)$

⑭ $\frac{9}{7}\left(1\frac{2}{7}\right)$　⑮ $\frac{13}{5}\left(2\frac{3}{5}\right)$　⑯ $\frac{11}{4}\left(2\frac{3}{4}\right)$

ポイント

まずは整数を仮分数になおして分子をひき算し，分母はもとの数字をそのまま書きましょう。

78 分数と分数，整数と分数のひき算 ①

練習

本さつ81ページ

① $\frac{1}{4}$　② $\frac{2}{9}$　③ $\frac{3}{7}$　④ $\frac{2}{5}$

⑤ $\frac{4}{8}\left(\frac{1}{2}\right)$　⑥ $\frac{2}{6}\left(\frac{1}{3}\right)$　⑦ $\frac{5}{9}$　⑧ $\frac{4}{8}\left(\frac{1}{2}\right)$

⑨ $\frac{1}{3}$　⑩ $\frac{4}{7}$　⑪ $\frac{3}{8}$　⑫ $\frac{5}{9}$

⑬ $\frac{5}{3}\left(1\frac{2}{3}\right)$　⑭ $\frac{6}{5}\left(1\frac{1}{5}\right)$

⑮ $\frac{13}{6}\left(2\frac{1}{6}\right)$　⑯ $\frac{5}{2}\left(2\frac{1}{2}\right)$

ポイント

分数のひき算は，分子をひき算し，分母はもとの数字をそのまま書きましょう。整数は，仮分数になおしてから計算しましょう。

79 分数と分数のたし算 ②

りかい

本さつ82ページ

① $\frac{8}{3}, 2\frac{2}{3}$　② $\frac{19}{7}, 2\frac{5}{7}$

③ $\frac{18}{4}\left(\frac{9}{2}\right), 4\frac{2}{4}\left(4\frac{1}{2}\right)$

④ $\frac{18}{5}, 3\frac{3}{5}$

80 分数と分数のたし算 ②

練習

本さつ83ページ

① $\frac{19}{3}\left(6\frac{1}{3}\right)$　② $\frac{19}{4}\left(4\frac{3}{4}\right)$　③ $\frac{17}{5}\left(3\frac{2}{5}\right)$

④ $\frac{17}{6}\left(2\frac{5}{6}\right)$　⑤ $\frac{23}{9}\left(2\frac{5}{9}\right)$　⑥ $\frac{22}{7}\left(3\frac{1}{7}\right)$

⑦ $\frac{19}{5}\left(3\frac{4}{5}\right)$　⑧ $\frac{18}{4}\left(4\frac{2}{4}, \frac{9}{2}, 4\frac{1}{2}\right)$

⑨ $\frac{16}{5}\left(3\frac{1}{5}\right)$　⑩ $\frac{11}{3}\left(3\frac{2}{3}\right)$

⑪ $\frac{15}{6}\left(2\frac{3}{6}, \frac{5}{2}, 2\frac{1}{2}\right)$　⑫ $\frac{16}{7}\left(2\frac{2}{7}\right)$

⑬ $\frac{18}{8}\left(2\frac{2}{8}, \frac{9}{4}, 2\frac{1}{4}\right)$　⑭ $\frac{17}{5}\left(3\frac{2}{5}\right)$

⑮ $\frac{21}{4}\left(5\frac{1}{4}\right)$　⑯ $\frac{23}{7}\left(3\frac{2}{7}\right)$

81 分数と分数のたし算 ②

練習

本さつ84ページ

① $\frac{17}{4}\left(4\frac{1}{4}\right)$　② $\frac{16}{3}\left(5\frac{1}{3}\right)$　③ $\frac{19}{5}\left(3\frac{4}{5}\right)$

④ $\frac{25}{7}\left(3\frac{4}{7}\right)$　⑤ $\frac{25}{8}\left(3\frac{1}{8}\right)$　⑥ $\frac{19}{6}\left(3\frac{1}{6}\right)$

⑦ $\frac{29}{8}\left(3\frac{5}{8}\right)$　⑧ $\frac{17}{3}\left(5\frac{2}{3}\right)$

⑨ $\frac{14}{4}\left(3\frac{2}{4}, \frac{7}{2}, 3\frac{1}{2}\right)$　⑩ $\frac{16}{6}\left(2\frac{4}{6}, \frac{8}{3}, 2\frac{2}{3}\right)$

⑪ $\frac{13}{3}\left(4\frac{1}{3}\right)$　⑫ $\frac{18}{5}\left(3\frac{3}{5}\right)$　⑬ $\frac{18}{7}\left(2\frac{4}{7}\right)$

⑭ $\frac{14}{6}\left(2\frac{2}{6}, \frac{7}{3}, 2\frac{1}{3}\right)$　⑮ $\frac{26}{8}\left(3\frac{2}{8}, \frac{13}{4}, 3\frac{1}{4}\right)$

⑯ $\frac{22}{5}\left(4\frac{2}{5}\right)$

82 分数と分数のたし算 ②

練習

本さつ85ページ

① $\frac{17}{5}\left(3\frac{2}{5}\right)$　② $\frac{17}{3}\left(5\frac{2}{3}\right)$　③ $\frac{19}{4}\left(4\frac{3}{4}\right)$

④ $\frac{19}{6}\left(3\frac{1}{6}\right)$　⑤ $\frac{26}{7}\left(3\frac{5}{7}\right)$　⑥ $\frac{29}{8}\left(3\frac{5}{8}\right)$

⑦ $\frac{19}{4}\left(4\frac{3}{4}\right)$　⑧ $\frac{27}{6}\left(4\frac{3}{6}, \frac{9}{2}, 4\frac{1}{2}\right)$

⑨ $\frac{17}{7}\left(2\frac{3}{7}\right)$　⑩ $\frac{14}{5}\left(2\frac{4}{5}\right)$　⑪ $\frac{13}{5}\left(2\frac{3}{5}\right)$

⑫ $\frac{15}{4}\left(3\frac{3}{4}\right)$　⑬ $\frac{17}{6}\left(2\frac{5}{6}\right)$

⑭ $\frac{14}{4}\left(3\frac{2}{4}, \frac{7}{2}, 3\frac{1}{2}\right)$　⑮ $\frac{23}{6}\left(3\frac{5}{6}\right)$

⑯ $\frac{22}{3}\left(7\frac{1}{3}\right)$

83 分数と分数のたし算 ③

りかい

▶▶▶ 本さつ86ページ

① $2\frac{3}{5}$　② $5\frac{3}{4}$　③ $1\frac{3}{3}, 2$

④ $6\frac{6}{6}, 7$　⑤ $1\frac{9}{7}, 2\frac{2}{7}$　⑥ $5\frac{9}{8}, 6\frac{1}{8}$

ポイント

帯分数と帯分数のたし算は，整数部分と分数部分をそれぞれたしましょう。帯分数と真分数のたし算は，分数部分をたしましょう。計算結果が仮分数になったら，帯分数になおして答えましょう。

例　②

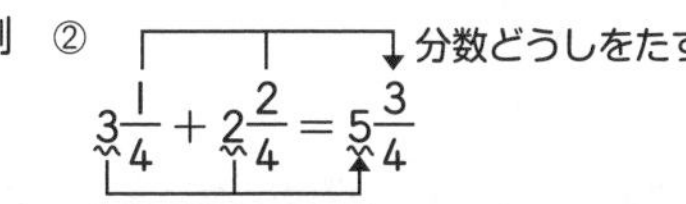
分数どうしをたす
$3\frac{1}{4} + 2\frac{2}{4} = 5\frac{3}{4}$
整数どうしをたす

84 分数と分数のたし算 ③

練習

▶▶▶ 本さつ87ページ

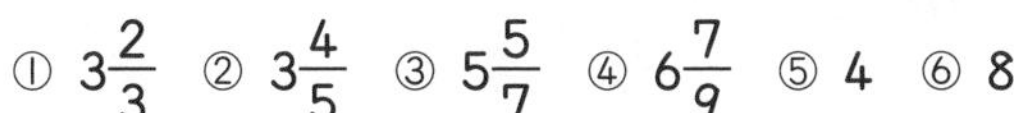

① $3\frac{2}{3}$　② $3\frac{4}{5}$　③ $5\frac{5}{7}$　④ $6\frac{7}{9}$　⑤ 4　⑥ 8

⑦ 5　⑧ 5　⑨ $6\frac{1}{4}$　⑩ $4\frac{2}{5}$　⑪ $5\frac{3}{7}$　⑫ $5\frac{1}{6}$

⑬ $5\frac{3}{5}$　⑭ $4\frac{1}{3}$　⑮ $4\frac{4}{7}$　⑯ $6\frac{5}{8}$

85 分数と分数のたし算 ③

練習

▶▶▶ 本さつ88ページ

① $2\frac{2}{4}\left(2\frac{1}{2}\right)$　② $3\frac{4}{5}$　③ $4\frac{5}{6}$　④ $1\frac{6}{7}$　⑤ 4

⑥ 3　⑦ 2　⑧ 5　⑨ $2\frac{3}{6}\left(2\frac{1}{2}\right)$　⑩ $4\frac{2}{7}$

⑪ $2\frac{2}{5}$　⑫ $3\frac{2}{4}\left(3\frac{1}{2}\right)$　⑬ $4\frac{3}{5}$　⑭ $3\frac{2}{7}$

⑮ $3\frac{3}{8}$　⑯ $2\frac{5}{9}$

86 分数と分数のたし算 ③

練習

▶▶▶ 本さつ89ページ

① $3\frac{6}{7}$　② $3\frac{5}{8}$　③ $3\frac{3}{4}$　④ $2\frac{5}{6}$　⑤ 4　⑥ 5

⑦ 3　⑧ 4　⑨ $4\frac{1}{8}$　⑩ $5\frac{1}{6}$　⑪ $3\frac{1}{5}$　⑫ $3\frac{2}{7}$

⑬ $4\frac{5}{8}$　⑭ $6\frac{3}{9}\left(6\frac{1}{3}\right)$　⑮ $4\frac{5}{7}$　⑯ $3\frac{2}{9}$

ポイント

帯分数と帯分数のたし算は，整数部分と分数部分をそれぞれたしましょう。帯分数と真分数のたし算は，分数部分をたしましょう。計算結果が仮分数になったら，帯分数になおして答えましょう。

例 ⑬　分数どうしをたす

$2\frac{7}{8} + 1\frac{6}{8} = 3\frac{13}{8}$

整数どうしをたす

$\frac{13}{8} = 1\frac{5}{8}$ なので，

$3 + 1\frac{5}{8}$

$= 4\frac{5}{8}$

87 分数と分数のひき算

りかい

▶▶▶ 本さつ90ページ

① $\frac{5}{7}$　② $\frac{3}{4}$

③ $\frac{2}{2}, 1$　④ $\frac{7}{6}, 1\frac{1}{6}$

88 分数と分数のひき算

練習

▶▶▶ 本さつ91ページ

① $\frac{2}{3}$　② $\frac{1}{6}$　③ $\frac{2}{5}$　④ $\frac{3}{8}$　⑤ 1　⑥ 1

⑦ $\frac{8}{7}\left(1\frac{1}{7}\right)$　⑧ $\frac{5}{4}\left(1\frac{1}{4}\right)$　⑨ 1

⑩ $\frac{4}{3}\left(1\frac{1}{3}\right)$　⑪ $\frac{7}{4}\left(1\frac{3}{4}\right)$　⑫ $\frac{13}{7}\left(1\frac{6}{7}\right)$

⑬ $\frac{14}{8}\left(1\frac{6}{8}, \frac{7}{4}, 1\frac{3}{4}\right)$　⑭ $\frac{7}{6}\left(1\frac{1}{6}\right)$

⑮ $\frac{17}{9}\left(1\frac{8}{9}\right)$　⑯ $\frac{9}{7}\left(1\frac{2}{7}\right)$

89 分数と分数のひき算

練習

▶▶▶ 本さつ92ページ

① $\frac{2}{5}$　② $\frac{3}{4}$　③ $\frac{1}{7}$　④ $\frac{5}{8}$　⑤ 1　⑥ 1

⑦ $\frac{6}{5}\left(1\frac{1}{5}\right)$　⑧ $\frac{11}{6}\left(1\frac{5}{6}\right)$　⑨ $\frac{7}{4}\left(1\frac{3}{4}\right)$

⑩ 1　⑪ $\frac{9}{8}\left(1\frac{1}{8}\right)$　⑫ $\frac{7}{5}\left(1\frac{2}{5}\right)$

⑬ $\frac{7}{3}\left(2\frac{1}{3}\right)$　⑭ $\frac{7}{6}\left(1\frac{1}{6}\right)$　⑮ $\frac{9}{7}\left(1\frac{2}{7}\right)$

⑯ $\frac{9}{8}\left(1\frac{1}{8}\right)$

90 分数と分数のひき算

練習

▶▶▶ 本さつ93ページ

① $\frac{2}{6}\left(\frac{1}{3}\right)$　② $\frac{2}{4}\left(\frac{1}{2}\right)$　③ $\frac{1}{3}$　④ $\frac{5}{7}$　⑤ 1

⑥ 1　⑦ $\frac{7}{6}\left(1\frac{1}{6}\right)$　⑧ $\frac{7}{5}\left(1\frac{2}{5}\right)$

⑨ $\frac{15}{9}\left(1\frac{6}{9}, \frac{5}{3}, 1\frac{2}{3}\right)$　⑩ $\frac{7}{6}\left(1\frac{1}{6}\right)$　⑪ 1

⑫ $\frac{5}{3}\left(1\frac{2}{3}\right)$　⑬ $\frac{9}{7}\left(1\frac{2}{7}\right)$　⑭ $\frac{8}{6}\left(1\frac{2}{6}, \frac{4}{3}, 1\frac{1}{3}\right)$

⑮ $\frac{9}{4}\left(2\frac{1}{4}\right)$　⑯ $\frac{8}{5}\left(1\frac{3}{5}\right)$

91 分数と分数，整数と分数のひき算 ②

りかい

▶▶▶ 本さつ94ページ

① $2\frac{1}{3}$　② $2\frac{5}{4}, \frac{2}{4}, 2\frac{3}{4}$

③ $2\frac{6}{6}, 1\frac{1}{6}, 1\frac{5}{6}$　④ $3\frac{11}{7}, 2\frac{6}{7}, 1\frac{5}{7}$

ポイント

帯分数と帯分数のひき算は，整数部分と分数部分をそれぞれひきましょう。帯分数と真分数のひき算は，分数部分をひきましょう。整数と帯分数のひき算は，整数の 1 にあたる数を分数にしてから計算しましょう。

92 分数と分数，整数と分数のひき算 ②

練習

▶▶▶ 本さつ95ページ

① $2\frac{1}{4}$　② $3\frac{1}{5}$　③ $1\frac{5}{8}$　④ $2\frac{5}{9}$　⑤ $4\frac{2}{7}$

⑥ $2\frac{1}{6}$　⑦ $1\frac{1}{2}$　⑧ $1\frac{1}{9}$　⑨ $3\frac{3}{8}$　⑩ $6\frac{2}{7}$

⑪ $2\frac{1}{3}$　⑫ $2\frac{5}{6}$　⑬ $2\frac{3}{4}$　⑭ $2\frac{4}{5}$　⑮ $1\frac{5}{9}$

⑯ $2\frac{6}{7}$

ここが ニガテ

分数部分を計算するときに，前の分数の分子の方が小さい数字だったら，仮分数にしてから計算しましょう。

例 ⑫

$5\frac{1}{6} - 2\frac{2}{6} = 4\frac{7}{6} - 2\frac{2}{6}$　整数どうし，分数どうしをひく

$= 2\frac{5}{6}$

$5\frac{1}{6} = 4\frac{7}{6}$

93 分数のたし算・ひき算のまとめ
なにが出るかな！？

▶▶▶ 本さつ96ページ

(例) $3 - \frac{1}{2} = 2\frac{1}{2}\left(= \frac{5}{2}\right)$
マスを2つぬる
かさ

$1\frac{2}{4} + \frac{1}{4}$　$1\frac{3}{4}\left(\frac{7}{4}\right)$　　$4 - \frac{3}{4}$　$3\frac{1}{4}\left(\frac{13}{4}\right)$　　$1\frac{1}{5} + 2\frac{3}{5}$　$3\frac{4}{5}\left(\frac{19}{5}\right)$

$3\frac{6}{5} - \frac{7}{5}$　$2\frac{4}{5}\left(\frac{14}{5}\right)$　　$1\frac{2}{6} + 2\frac{1}{6}$　$3\frac{3}{6}\left(\frac{21}{6}\right)$　　$\frac{1}{8} + \frac{9}{8}$　$1\frac{2}{8}\left(\frac{10}{8}\right)$

$2\frac{4}{3} + 3\frac{1}{3}$　$6\frac{2}{3}\left(\frac{20}{3}\right)$　　$\frac{3}{7} + 1\frac{1}{7}$　$1\frac{4}{7}\left(\frac{11}{7}\right)$　　$2 - \frac{6}{7}$　$1\frac{1}{7}\left(\frac{8}{7}\right)$